王慧玲 著

基层女性

中国友谊出版公司

图书在版编目（CIP）数据

基层女性 / 王慧玲著 . -- 北京：中国友谊出版公司，2021.6（2024.12 重印）

ISBN 978-7-5057-5240-5

Ⅰ . ①基… Ⅱ . ①王… Ⅲ . ①女性－成功心理－通俗读物 Ⅳ . ① B848.4-49

中国版本图书馆 CIP 数据核字（2021）第 106041 号

书名	**基层女性**
作者	王慧玲
出版	中国友谊出版公司
发行	中国友谊出版公司
经销	新华书店
印刷	河北鹏润印刷有限公司
规格	787 毫米 ×1092 毫米　32 开
	6.5 印张　86 千字
版次	2021 年 7 月第 1 版
印次	2024 年 12 月第 26 次印刷
书号	ISBN 978-7-5057-5240-5
定价	49.80 元
地址	北京市朝阳区西坝河南里 17 号楼
邮编	100028
电话	（010）64678009

如发现图书质量问题，可联系调换。质量投诉电话：010-82069336

目录 CONTENTS

2 TWO

自我成长
精神与物质双独立

3
THREE___

两性关系
创造价值，分享利益

序

当我收到朱笛老师的出书邀约时，第一反应是：是不是遇到骗子了？

我对自己的人生有过很多设想，也畅想过想要从事的诸多职业，但其中没有一个是作家。事实上，我在写完上面这句话，忍不住念叨了几遍"作家"这两个字时，还是会笑出声来，觉得不太真实。

2020年2月，因为新冠疫情，我和老公Peter经营的建筑摄影工作室业务暂停，停下来的这段时间，我经常会刷短视频。现在大数据厉害的地方在于，你看完一个视频并点了个赞，回头它就会给你推送十几个类似的视频。也是在这个时候，我才发现，跟我差不多出身的基层女性，她们的原生家庭、婚姻生活，以及个人成长方面的困扰和问题原来这么多。可能是因为类似的成长环境，我对她们的无奈和痛苦有深切的感受。再加上比我有文化的人，可能不如我熟悉她们的生活，熟悉她们生活的人可能又不如我有文化，那么，作为一个来自农村，又会"写几个字"的基层女性，我觉得自己似乎有一种义务般的责任感。而且，我这一路没怎么上过学，如果把我从出生于安徽大别山区到扎根于上海，从在上海街头卖袜子到创业的经历分享出来，应该也能给当下的年轻人，尤其是像我一样出身的女性，带来一些启发和思考吧？

就这样，2020年3月，作为一个原本分享吃喝拉撒的生活博主，我尝试分享了第一个关于基层女性的视频，表达我的观点。没想到就这样一发而不可收，我作为一个"野生社会学家"的人生体验就此开始，直到今天这本书的诞生。

这一切发生得非常偶然，正如一个网友的留言，说我这是摸鱼摸了个"鲸鱼"……

我曾一度被洪水一样涌来的溢美之词震惊到，无法想象自己竟然可以对别人产生这么大影响，有这么大帮助。在惶恐的同时，我也感受到了巨大的快乐和满足，做一个对别人有用的人，真的很幸福。

你看，一个人只要把心中的想法积极地付诸行动，但行好事，莫问前程，人生就会有无限的惊喜和可能。

　　因为出版需要，文字有一些调整和增减，如果读起来不太像我以往的风格，请多多包涵。

　　最后，这本书关注的是基层生态环境里的弱势群体——女性，所以书中的一些观点和表达方式，看上去似乎对农村人不太"友好"。但我作为一个祖上三代都是农民的农村女性，恳请大家不要过度解读，而应把注意力放在书中提到的问题上，从实际生活中积极改善自身的生存环境，创造更加幸福的生活吧。

　　希望你们喜欢这本书。

王慧玲

2021年3月

前言

一个基层女性的翻身参考

我出身安徽农村，中专毕业，曾经很长一段时间在生活的阴沟里挣扎。很多人想了解我是如何一步步爬上来，成长为今天这样一个还算优秀的健康快乐的中年人。下面我就跟大家聊聊在我成长的过程中，决定我命运走向的一些背景、关键节点的选择，以及些许感悟，供大家参考。

第一点，独立生活，这是决定我人生走向最关键的第一步。

我16岁就离家去安徽省会合肥读中专，读完中专时19岁，又独自到上海打拼。此后将近10年的时间，我基本上都是一个人生活。独立生活是走向经济独立、精神独立的第一步，你必须独自面对并解决生活中的大部分问题。在这个过程中，人格会以令人惊喜的速度成长。绝大部分成年人的悲剧，归根结底就是生活、经济、精神不独立造成的。很多父母没有从小培养孩子独立自主的意识，把孩子的不独立看作对自己的需要和爱，并因此自豪不已，导致孩子5岁还需要喂饭，8岁还跟父母睡一个房间。一些母亲总是抱怨老公不做家务，但从来不培养孩子处理个人事务的能力，不让他承担一部分作为家庭成员的家务责任。孩子长大，变成一个毫无担当、不负责任的"巨婴"，再去坑另外一个女孩，把伴侣拉入坑中，把生活过成一地鸡毛，就这么一代代地恶性循环。

第二点，勇敢离开不对的人，这对年轻女孩来说尤其重要。

我在22岁时谈了一个男朋友。女人在脆弱无助的时候，最先想到的，就是找个男人当所谓的靠山，不论是经济上还是精神上。很多女人年纪轻轻就走进婚姻的泥潭，基本上都是出于年幼无知的选择。我和这个男朋友也一度到了谈婚论嫁的地步，后来有一次因为很小的一件事，他动手打了我。当然，我们平常也有很多其他的矛盾，只是我自欺欺人，选择了忽视。但他第一次打我的这天，我不知道哪里来的勇气，收拾好行李当晚就离开了，坐在出租车里一路号啕大哭，去朋友家暂住。虽然舍不得曾经在一起的时光，但我模模糊糊地知道自己的决定是对的，心底有一个声音告诉我：

"绝对不要与一个跟你动手的男人在一起。"事实证明，我是对的。后来，我无数次庆幸自己当年勇敢跨出这一步，想想有些后怕，如果22岁时嫁给这个人，结婚生子，我的命运将会是什么景象？可以肯定的是，我永远都不会遇到Peter这个近乎完美的老公，这个我看了13年都看不够的人。

无论男女，勇敢地离开一个不对的人，勇敢地结束一段糟糕的关系，这对你的一生非常重要。错误的关系只会消耗你的心神、透支你的生命，让你把本可以用来学习、工作、提高生命质量的时间，统统用在了制造痛苦、相互折磨上。

第三点，面对生活，有百折不挠的勇气。

我在上海做的第一份工作是上街推销袜子。每天领头的人给我们发一包袜子，我还记得牌子是"梦娜"。我们去居民楼、办公楼、商场等地方推销，一双15元，卖一双赚3元。这份工作虽然只做了3个多月，但对我之后的人生影响是巨大的。一天中遇到的绝大多数人都会拒绝你，有时还会被嘲笑或被保安驱赶。从一开始的害怕，没有勇气上前打招呼，觉得特别难堪，到后来看到目标就冲上去侃侃而谈，被拒绝后也面带微笑地快速收拾好说再见，只想着这个人不行就不要浪费时间，赶紧再去找下一个目标……这段经历让我的内心变得异常强大，现在创业能够坚持下来，是与之分不开的。它让我明白一个道理：不要在乎别人怎么看你，面子、自尊毫无意义，活下去、挣到钱才是最重要的。这里"钱"是价值的体现，当你面对挫败拥有百折不挠的勇气、能够不断挑战自我、实现自我价值，那么钱就是价值水到渠成的附属品。

所以，要不停地尝试、争取，挑战自己，并且习惯被拒绝，这一点对刚出校门的年轻人来说尤其重要。从踏上社会的那一刻开始，人生的号角就吹响了，你必须要为之不屈不挠地战斗，发掘自我价值，争取想要的生活。

第四点，活在当下，做好眼前的事。

刚到上海的头几年，我太穷了，满脑子想的都是怎么才能

赚更多的钱。在茶坊做服务员的时候，我发现做吧台的服务员能多赚几百元，我就花几天时间把吧台的饮料名字全部抄下来背会，主动上夜班，在吧台帮忙，不到一星期我就学会了吧台的全部工作。后来我去一个台湾人开的女子美容中心做吧台服务员，发现隔壁部门做足底按摩的姑娘一个月能赚3 000多元，有时还能拿到小费，我就求她教我按摩手艺，回去拿朋友的脚练手，由此学会了足底按摩。但我最后没做这个，因为我发现隔壁的日本料理店招聘服务员，工资也有3 000元，还包吃包住，于是我就去了那里。后来，我想再多一些工作机会，再多赚一点钱，就又学会了日语，月收入多了好几百元。

很长一段时间里，我就像条蚯蚓，在黑暗里一节一节地向前拱、往前爬，不停地寻找光亮，寻找更好的机会，哪怕只是好一点点。我从来没有什么远大理想，也很少为未来担忧，只想着怎么解决眼前的问题，如何在下个月多赚几百元。很多人整天焦虑未来，但却没有意识到，未来就是由无数个今天、无数个当下组成的，解决好当下的问题，认真做好今天该做的事，未来就会在当下解决的一个个问题中延展出去，水到渠成。

　　年轻人越早放弃一夜暴富和走捷径的想法，越早认识到只有靠自己的双手一点一滴地付出、积累，才能换取未来，缓解生活的困顿，从泥坑里爬出来的路程就越短。懒惰让人想走捷径，那些急功近利的想法只会扰乱你的判断，让你掉进一个又一个诱惑的深坑，付出一个又一个沉重的代价。

　　即使身处低谷与黑暗，你的内心依然要保持清明，踏踏实实地劳动，解决眼前的问题，不停地升级、优化自己，哪怕每次只进步一点点。

第五点，知道什么对自己最重要，学会知足和感恩。

　　我24岁的时候，血小板减少性紫癜第一次发病，当时医生已经给我开了病危通知单。我在上海第六人民医院血液科住了两个星期左右，我的病床是16号，14号病床住的是一个阿姨，她已经有十几年没下过病床了。我已经忘记她是什么

血液病引起的瘫痪，只记得她当时笑着跟我说自己十几年没穿过鞋子了。那是我人生中第一次意识到，原来穿鞋子走路对有的人来说都是一种奢望……因为是在血液科，我还见过好几个得了白血病的孩子，还有一个上午来化疗，中午赶着回学校上课的老师。

出院那天，我第一次对人生有了很深的感触。我站在宜山路上发了好一会儿呆，第一次发现树真绿啊，天真蓝啊，再看看自己穿着鞋子站在地上，感觉"哎呀，真的好幸福！"这种幸福感一直延续到今天。即使后来的生活也遇到了非常困难的时刻，我仍无比感恩。直到今天，我仍时常感到惶恐，觉得自己何德何能，可以拥有这么多。虽然我和Peter一个38岁，一个43岁，车子、房子都没有，但我们知道，作为有手有脚、耳聪目明的健康人，能拥有彼此，拥有今天的生活，已经是拥有了很多人的奢望。

这一生，要抱着一颗感恩自足的心，珍惜自己拥有的，明白什么对自己最重要，哪些根本不重要，然后专注地发掘个人价值，追求自己的梦想。以内心滋生的幸福感和快乐来衡量成功与否，而不是为身外之物纠结、烦恼，然后你会发现，你的生命通透明朗，你的人生有无限可能。

第六点，对生活抱有好奇心，保持旺盛的求知欲。

我的命运发生实质性变化是在学了日语之后。做再多的思想建设，如果不能付诸行动，都只是空想，只有行动才能带来改变。我学日语的契机是从日本料理店的工作中来的，因为我发现高工资的店长和领班日语都很好。我那时候不知道什么"实现人生价值，知识改变命运，知识可以换取财富"，只是单纯地知道，学会日语，可以多一点工作机会，多赚几百元钱。虽然目的单纯，但是这些对我之后的人生有非常大的帮助。日语考到一级后，我去了一家日企做总务，其实就是打杂，但总算从服务员到坐办公室了，生活也从这里打开了一个新篇章。

我从小到大好奇心一直特别重，树上有个鸟窝，我一定要爬上去看看；有人围着的地方，我一定要钻进去看看他们在干

什么；我也很喜欢看悬疑推理类的小说。这份好奇心对我的成长非常有帮助，它一直驱使着我向未知探索，吸收新的知识，尝试新的体验。虽然这么说有点讽刺，但我一个没怎么上学的人，居然实现了教育的理想——自主教育、自主学习。也因为好奇心，2007年的某天，我听说有Skype这个软件，就下载注册了一个账号，没想到因此得到了生活给我的最大奖赏，遇到了我的今生挚爱、灵魂伴侣，我的爱人Peter。

希望你也永远对生活抱有好奇心与热情，像海绵一样不停地吸收新知识、体验新事物、接受新想法，抱着开放的心态去面对这个世界，并且把脑子里堆积的想法用行动去折腾、去实现，加快自己生命的新陈代谢。在这个过程中，你会逐渐变得强大、自信、坚定。一旦体验到改变和进步的快乐，你就不会停下来，因为进步的快乐是顶级的快乐，是大脑释放出来的高潮。

你是有力量的，是可以通过一点一滴的努力改变自己的生活的。世上没有什么事，是比自己相信自己有改变的力量更让人振奋和有安全感的了。

第七点，做一个善良的人。

无论周围的人或网络舆论如何向你灌输所谓的"怎样才能不吃亏""聪明人应该这么做"，告诉你多少来自他们自身生活经验的"厚黑学"，你都要知道，那是他们自己的人生经验。如果你仔细观察，就会发现，信奉这一套的人大多是社会底层的人，他们自己都没有把生活过好。如果你希望生命能结出很多好果子，那么善良就是最肥沃的土壤。

当然，成长的过程中必然会有一些人辜负你的善良，你要做的就是把他们从生活里清除，不要让他们改变你。无论你在经历什么痛苦，走在什么岔路或弯道上，只要你是一个善良的人，善良就会像一盏永不熄灭的指路灯，温暖你，给你力量，把你带到同类人身边，让你最终被温暖的人包围。它可能短时间内不能给你想要的那种好处，但它永远可以阻止你变得更差，堕落到更深的泥坑里。

无论你的生活在面对什么，你都要坚信一点：你是有力量改变的，你是有选择的，生活没有你想的那么糟糕。相信我。

从糟糕的原生家庭当中脱离的唯一道路，就是从精神上完成和父母的脱离。首先努力实现经济独立，与父母分开居住，独立生活，然后去打造自己的精神世界，比如认识更多的朋友，跟那些让你感到快乐的人建立人际关系，去做你自己喜欢的事。

1 | ONE

原生家庭

划清界限，灵魂断奶

> 成年后，只有脱离原生家庭，经济、精神独立，摆脱父母的持续影响和控制，给自己创造一个良好的生活环境，你的大脑才有空间思考，直面曾经受到的伤害，以正确的心态去处理它。

完成精神上的断奶

很多人好奇我的原生家庭，想知道是什么样的家庭造就了我的今天。大多数人看到性格开朗、乐观自信，生活、工作、婚姻经营得还不错的人，会本能地认为对方在充满爱与支持的温暖家庭中长大，通常也确实如此。但我的原生家庭跟大家想象的可能不太一样，属于另一个极端。我的经历也能够从侧面说明一个人要想在成年后从原生家庭的影响中超脱出来，其自我教育、自我成长的重要性。

我出生在安徽农村一个贫穷的、重男轻女的家庭，我有两个弟弟。在我10岁左右，父母把两个弟弟丢给我和爷爷照顾，出去打工了。我每天都要带着5岁的小弟弟去上学，因为没人照看他。每天放学后，我一路小跑回家，洗衣做饭打扫卫生，还要喂猪。当时，我还够不着灶台，要踩个小板凳才能炒菜。我就是这样长大的，父母从来没有辅导过我的功课，我的母亲连字都不认识。

19岁时，我带了240元钱去上海打工。19岁到29岁这10年间，我赚的钱基本都给了家里，帮助两个弟弟读书，再后来把他们都接到上海安顿下来。我从来没有后悔做这些，在相当长一段时间内，我觉得这些都是我应该做的，父母确实很辛苦，在我有能力的时候，应该帮他们分担。只是在我的个人意识逐渐觉醒后，我发现，不管我做得再多，父母永远觉得这是理所应当的，从不感谢我。而且，他们从来没有平等地对待我和两个弟弟，只对我有经济上的索取，对我弟弟却不。他们给我弟弟几十万元付首付买房子，眼睛都不眨一下；我和Peter创业初期十分艰难，他们却只给了我2万元，最后还要回去了。

　　类似这样不公平的对待，对我的伤害非常大。我母亲曾亲口跟我说："吃的喝的你跟弟弟都一样，但是如果有10元钱，我只会给你两个弟弟一人5元钱。"其实我根本不在乎那"10元钱"，只是觉得他们不像重视弟弟一样重视我，不像爱弟弟那样爱我。他们对我的爱是有条件的，对我弟弟却是无条件的，而这一切只是因为我是个生在农村的女儿。

　　这个事实让我很沮丧，"不公平"三个字像蚂蚁一样久久吞噬着我的内心，导致我长期处于一种愤怒的状态。但是我没办法恨他们，因为他们也是时代和环境的牺牲品，他们没有能力选择成为更好的父母，甚至根本不觉得自己有什么错，反而觉得我生气很矫情。他们重男轻女的思想是一代代传下来的，根深蒂固，不可改变。如果能清醒地看到这个本质，你就没办法恨他们，甚至不知道该恨谁。

　　我与父母之间还有一个矛盾，就是别人的女儿都生孩子，但我不想生，所以不管我迄今为止的人生取得了多大成就，在我父母那里，我都是失败的，一切都不值一提。我的父母从来没有为我感到骄傲，直到现在，母亲给我打电话时，不是抱怨我不生孩子让她蒙羞，就是抱怨又有谁跟她说关于我的闲话，让她没脸见人……每次跟她通完电话，我的情绪都很低落，没有心情做任何事。

我花了差不多10年来消化愤愤不平的心态所带来的影响，这些情绪一度影响了我的人际关系，让我不自信、自我和偏执，总是用很强烈的情绪去表达自己，同时渴望获得更多的认可。但我还是比较幸运的，最后走出来了。

成年后，只有脱离原生家庭，经济、精神独立，摆脱父母的持续影响和控制，给自己创造一个良好的生活环境，你的大脑才有空间思考，直面曾经受到的伤害，以正确的心态去处理它，即使最终不能改变什么，也能找到方法让自己的内心更加平静。

我现在会有意地减少与父母之间的联系，尤其是情感上的交流，因为交流是双向的。我尝试过太多方法，希望与父母建立一种健康的交流方式，获得他们的理解，但他们只会

用高高在上的态度，灌输一些让我沮丧、让我觉得自己永远不如别人的言论。这些言论本质上就是"毒气"，因为来自父母，所以毒性更强，对孩子的影响也是致命的。成年后，如果你没有能力隔离这些来自父母的"毒气"，你的一生都会被侵蚀。

　　还有一些没有能力脱离原生家庭独立成长的子女，成年后，大多会变成懦弱无能、没有安全感、偶尔叛逆，无论在经济还是精神上都无力挣脱父母影响的人。他们人生的大部分决定都被父母左右，身上有着沉重的道德负担。对此，我的建议是，只要你是成年人，能离父母多远就去多远，如果实在无法离开，精神上也要划一条清晰的界线，哪些领域父母可以介入，哪些领域是绝对不可以触碰的。如果你没有能力这样做，或不能贯彻到底，精神不"断奶"的话，你就会继续被两个生于20世纪五六十年代，受教育程度、见过的世面可能还没有你多的人，教怎么活在当下和未来；被两个可能一辈子都没有见过真爱的人，教怎么择偶；被两个婚姻质量低下的人，教怎么经营婚姻。你在他们的影响和干涉下，继续为自己的人生做出错误的选择，然而后果最终只会是你一个人真真切切地体验、感受，并且承担。

一个人成长的第一课，就是建立和原生家庭之间的界限。做不到这一点，永远不会真正长大。

希望所有跟我有类似经历的子女，在成年后都能自我教育、自我愈合，脱离父母，创造出属于自己的一片天。也希望所有的父母都能明白，真正的爱是支持、包容，是希望对方快乐，而不是控制、索取，以爱的名义绑架亲情。

> 孩子成年后，你做父母的任务已经完成，孩子渐渐不需要你了。你要做的，就是渐渐退出孩子的生活，与他像朋友一样相处，遵守朋友之间的界限。

和父母划清界限

我曾经收到一个60岁阿姨的求助，说她给儿子买了房，又照顾孙子，可没见儿子多感恩。她最近生了一场大病，儿子儿媳也没有给予多少关心。言外之意就是自己付出了很多，却没有得到来自孩子的回报，这里说的主要是情感上的回报。

如果细心观察就会发现，在我们身边，像这个阿姨一样，为下一代买车买房带孙子，为子女奉献了一辈子的父母有很多，尤其是生于20世纪五六十年代的这批父母。我父母也是这样，一辈子哪怕不吃不喝，也要给两个儿子买车买房娶媳妇。他们已经快70岁了，还在嘉兴那边打工，死活不肯回老家，因为他们觉得只要儿子一天没有成家，只要他们还能劳动，就有义务为儿子赚钱。有些父母会说，自己一辈子为子女付出，从来没有索取过。很多子女也表示，父母从来没有向自己索取什么，或为了自己而怎么样。但是，大家想一想，他们真的没有索取吗？他们所有的付出，真的不需要回报吗？正如前面那位阿姨一样，她不需要回报吗？

他们是索取的，只不过他们需要的回报不是金钱而已。

他们要的是你听话、学业、事业有成；要的是在填报志愿、择业择偶时听他们的安排；要的是你早日成家，这辈子必须结婚生子；要的是让他们有面子，在外面有谈资；要的是你的陪伴，不远走远嫁，就近读书、工作；要的是你在跟前对他们的孝顺、照顾；要的是你接受他们在你的生活中无孔不入、无处不在；要的是你发自内心地认为，他们所做的一切都是因为爱你，都是为你好。

现在，你还认为他们从不索取、不要回报吗？

看似伟大的父母，其实大部分终生都没有为自己活过，孩子就是他们生活的一切。如果有一天让他们停止为孩子奉献，他们可能都不知道怎么去生活，不知道自己的人生价值在哪里。很多父母的夫妻关系很失败，就把所有的精神寄托都转嫁到亲子关系上，养育孩子时，不愿放手，也不知道如何放手。当有一天，父母意识到需要放手的时候，孩子可能已经被培养成根本没有能力离开的"巨婴"，甚至有些孩子会成为只知道索取的"白眼狼"。生活中自食恶果的父母还少吗？

希望父母都能认识到一个痛苦的事实：孩子成年后，你做父母的任务已经完成，孩子渐渐不需要你了。你要做的，就是渐渐退出孩子的生活，与他像朋友一样相处，遵守朋友之间的界限。

我们身边有不少这样的父母，像只八爪鱼一样，把孩子捆绑在身边，一厢情愿地付出，自我感动，无形中把孩子推向无法独立的道路，或者毫无节制、无孔不入地干涉孩子人生的每一项选择，期待孩子接受他认为好的生活方式。这些都是因为父母不懂什么是真正的爱，只是以爱的名义，行着自私、占有之事。其实，真正离不开孩子的是父母，是你的生活需要孩子，而不是孩子离不开你。

希望年轻的父母从孩子出生的那一刻起，就把他当作一个独立的个体去尊重，给他良好的教育，让他学会自立自强，为自己的人生奋斗，鼓励他去过自己想要的生活。在孩子成长的过程中，请给他生活的勇气，支持他、鼓励他，给他真正的爱和关怀。要时刻提醒自己，孩子不是父母的附属品，他只是你生活的一部分，只能陪你走一段路。对你来说，更重要的是经营好自己的生活，给孩子做个榜样，在朝夕相处中带给孩子耳濡目染的熏陶。如果父母的生活只围绕着孩子转，就会成为孩子的精神负担。现在太多痛苦的成年人在令人窒息的亲子关系中挣扎，被所谓的爱绑架，不堪重负，甚至精神崩溃。

　　如果你真的爱你的孩子，就请学会怎么去爱，学会如何放手。

> 成年后，我们要学会做自己的父母，重新教育自己、投资自己，选择有益于身心健康的方式成长，跟让自己快乐的人在一起，做自己喜欢的事，过想过的生活。成长，疗愈，最终完成自我救赎。

精神、物质独立是唯一出路

很多女性向我倾诉，在成长过程中几乎没有感受过父母的爱，更多的是偏心、索取、控制，甚至遭受暴力对待。成年后，她们的性格普遍有缺陷，比如懦弱、不自信、暴躁、偏执，还有无法经营亲密关系，讨好型人格，等等，当下的生活也深受过去的困扰。我对这样的遭遇感同身受，真希望能拉着她们的手说："你所有的痛苦、愤怒都是正常的，你可以哭，可以怨恨，但最终你要清醒地认识到，你现在已经是一个成年人了，成年意味着你要为自己接下来的人生负

责。现在没有人可以真正地、实际地对你进行干涉和控制，除非你给予他们干涉和控制你的权利，不要用'没办法'来掩盖自己的懦弱。记住，你是有选择的。"

成年后，每个人都要和父母建立新的相处模式，先从精神上独立。无论你的原生家庭怎样，要想获得幸福的人生，成为在生活中独当一面的人，你就必须脱离父母，独立去成长。很多婚姻悲剧里的"妈宝男"就是反面教材，他们根本无法独当一面，也没有能力去经营自己的人生，承担起一个小家庭的责任，更别说孝敬父母了。孝敬父母是需要能力的，精神上有爱的能力，经济上有创造价值的能力。

养孩子要像老鹰一样，小鹰羽毛刚长齐，老鹰就把小鹰从巢里推出去，让它独自成长。很多父母喜欢老母鸡式养育，巴不得一辈子都把孩子护在翅膀下，说是爱，其实就是一种变相的控制、占有。所以鹰不惧风雨，一辈子在天空翱翔，而鸡连草垛都飞不过。

对于那些给你精神造成伤害，像"毒气"一样的父母，更要远离他们去独自成长。等你成为一个经济和精神都独立的人，会自然而然地找到新的模式与父母相处，也会有更多的主动权。不要沉浸在怨恨中，怨恨会阻碍健全人格的塑造和发展。成年后，我们要学会做自己的父母，重新教育自己、投资自己，选择有益于身心健康的方式成长，多去跟让自己快乐的人打交道，做自己喜欢的事，过想过的生活。成长，疗愈，最终完成自我救赎。

只有把生活经营得越来越好，手上的选择越来越多，你才会对过去释怀，最终放下，获得内心的平静。如果过得不好，过往的伤害在当下的生活和未来的人生里，会被逐渐放大，让你越来越难以放手。从不幸的原生家庭中奋发成长，这条路很难，因为从源头上，父母就阻碍了你的发展。成年后，背负着内心残缺的自己前行十分艰难，但是你没有其他选择，必须前进，努力成长、疗愈、变强，实现经济和精神的独立，把命运掌握在自己手上，不然你的一生都会在不同的泥坑里打转。这就是为什么很多原生家庭糟糕的女性，婚姻也一塌糊涂。从原生家庭到婚姻生

活，就是从一个坑到另一个坑的无缝对接，结婚几年后不得不离婚，带着孩子伤痕累累地回到原来的泥坑——很多基层女性的现状就是这样。

成年后，要把与家人之间的相处模式调整为朋友状态，保持适当的距离，互相尊重。无界限的亲子关系发展到最后，只会是互相控制、索取和伤害。大多数父母没有这个意识，无节制地侵犯孩子的生活，控制、左右孩子的人生，打着"为你好"的名义侵害孩子。作为一个成长于21世纪的人，为了长远的、更融洽的相处，你要学着反过来教育、影响父母，他们同样需要成长。大家应该都看过有些北大、清华的高才生出国二三十年，直到父母临死都不愿相见的新闻。这些孩子的父母，很可能就是对孩子伤害至深又拒绝成长的父母。

那些用外界的某种观念、思想来给你施加压力、道德绑架，让你屈服的亲情，只能说明你们之间没有爱，只是因为血缘捆绑在一起。对于这种没有爱流动的亲情，你是有选择的，你可以坚定地说"不"。

你永远是有选择的

　　在我收到的众多求助中，大部分求助者是女性，她们正在遭受的痛苦，大多与感情、婚姻相关，其次就是关于原生家庭。很多人的不幸婚姻其实就是毫无界限的亲子关系造成的连带伤害，比如父母对孩子的各种控制、安排，把孩子当作情绪垃圾桶，无休止地索取和抱怨。很多女性说每次与母亲通话后的心情都能沉到谷底，甚至有些人已经有抑郁的症状。接下来我想跟大家聊聊，有什么实际的做法可以帮助自己脱离这些困境，如何教育父母，以及正确教育父母的必要性。

首先我们要知道，很多父母生孩子，都抱着功利的心态，尤其是老一辈父母，都抱着投资、收割的心态。把生育的目的上升为无私奉献，为了爱，为了体验陪伴一个生命成长的喜悦，需要父母有非常富足的精神世界。只有精神富足的人，内心才能滋生出这种高级的情感。这种情感在我们当下的生育观念里十分稀缺。

在投资、收割的心态下生养孩子，父母的每一项付出都是在增加成本。成本越高，期待就越高；期待越高，在孩子成年后就越不会放手。那些从小到大的溺爱，无微不至的照顾，都是需要回报的。越是生活在底层的父母，对经济上得到孩子回报的渴望就越大。还有一部分父母需要的回报不是金钱，而是听话、孝顺、陪伴、养老，是择偶、择业上的顺从，是在孩子成年后的生活中无处不在的许可。抱持投资者心态的父母，很难做到优雅地从孩子的生活里退出。

成年后，我们人生"十万八千里取经路上"跨出的第一步，就是努力从经济上挣脱父母。如果你在经济上还对父母有索取，那所有由父母带来的精神上的压力与困扰，就是你经济不独立的代价。

尽管千百年来，儒家思想向我们灌输很多"父母恩情大过天""天下无不是的父母"之类的思想，但你要清晰地认识到，世界上任何两个人之间的关系都是人际关系，建立健康亲密的人际关系，靠的是爱，而爱是互相流动的，父母爱你，你自然而然会爱父母。那些用外界的某种观念、思想来给你施加压力、道德绑架，让你屈服的亲情，只能说明你们之间没有爱，只是因为血缘捆绑在一起。对于这种没有爱流动的亲情，你是有选择的，你可以坚定地说"不"。

说"不"的第一步就是去教育父母。如果他们接受教育，并且愿意和你一起成长，那就好好享受天伦之乐；对于油盐不进，给你造成无休止精神困扰的父母，要坚定地从生活上远离，从精神上切割。教育父母的方式跟他们小时候教育你一样——立规矩，比如哪些事父母可以过问，哪些不可以。在这个过程中，他们可能会跟孩子一样，说一遍不听，

会看脸色，会讨价还价，会试探你的底线，你要做的就是坚持亮明你的态度。如果还是不听呢？想象一下，如果孩子无休止地无理取闹，在地上打滚，父母会怎么做？父母很可能气得一巴掌打上去，这一巴掌就是为了让孩子感受到痛，并让他记住。对父母的教育也是一样，对言语教育无感的父母，就要用一些让他们感到痛、能记住的教育方式。

很多人会觉得："哎呀，父母年纪已经大了。""哎呀，毕竟是我妈，头发都白了，辛苦了一辈子，不忍心。"……这个心态就跟小时候父母教育我们一样："算了，让他吃那些垃圾食品吧，哭成这样，不忍心。""他还小，长大就好了，还是给他吃吧。"……我们都能看出这是在溺爱孩子，这样的教育必然会把孩子推到一条偏离幸福人生的道路上，最终害人害己。很多年轻父母在教育孩子上有原则、有担当，但是为什么就能容忍自己这么溺爱父母，毫无原则地妥协，即使父母是错的，也不去纠正、教育他们呢？

我让母亲感到痛的教育方式，就是切断跟她之间的所有联系，半年多不见她，不跟她说话。当我重新跟母亲建立起联系，再见面之后，她再没有催过我生孩子，或者提其他任何让我不舒服的话题。如果她还是跟以前一样，给我制造精神压力，哪怕跟我半年不联系也无所谓，那下次就切断联系一年、两年；如果她对有可能永远失去我也感到无所谓，照样我行我素，没有丝毫改变，那这种亲情也没有维护的意义。

很多人的父母一辈子都没有自己的生活，尤其是在一些单亲家庭。孩子可能会说："我的母亲只有我。"对此，我的态度是，每个人都要为自己的人生负责，你的母亲是一个成年人，你应该鼓励她去解决自己的问题，经营自己的生活。如果她无法做到，只想黏着你，不停地抱怨，把自己对人生的失望、愤懑，像毒气一样倒给你、腐蚀你的话，你迟早会被它们吞噬。这些负面情绪会影响你的健康、判断和人际关系，全方位影响你的生活。

对待这样的父母，如果你有能力，可以在经济上扶持，

但在生活和精神上，一定要设法隔离。这是你唯一的自救方法，因为你无法对父母的生命负责，你拯救不了他们，他们的生命也不是你的责任。你的责任是对你自己的生命负责，成为一个健康快乐的人。只有这样，将来你才有可能给身边的人带去一些快乐和实际的帮助。如果放弃自救，大家都只会一起陷在泥坑里，互相侵害、互相折磨。

从长远来说，越早教育父母，越早给父母说清，确定相处的界限，就能越早进入良好的相处模式。那些有道德负担的懦弱子女，除了自我焦虑烦恼外，还要承担一个恶果，就是不知不觉成长为跟父母一样的人，把自己的另一半也拖入浑水，然后用同样的方式养育自己的孩子。

希望各位年轻的父母在生孩子之前，想清楚自己到底为什么生。如果抱着收割、投资的心态，那只会收获两种孩子：一是无能的"巨婴"，没有感恩之心，一辈子啃老，压榨父母的劳动力，这种人现在比比皆是；二是有能力却远走高飞，去到你用道德根本绑架不到的地方。养育孩子，是为了体验陪伴一个生命成长的快乐。抱着投资的心态，不如把精力和金钱放在自己身上，好好经营自己的生活，把精神寄托在自己身上，去做喜欢做的事情。把精神寄托在任何除了自己之外的其他人身上，你这一生很可能会不停地陷入渴望与失望当中……女性作为生育的主体和第一责任人，这一点尤其要想清楚。

> 有爱的血缘关系才是家人，没有爱的血缘关系，只会化身为捆绑你的绳索、约束你的工具。你完全可以选择不做牺牲品，不用有任何道德负担，去按照自己的意愿生活。

有爱的血缘关系才是家人

有一次在短视频平台直播时，一个24岁的小伙子向我求助，从他颤颤巍巍的声音里可以听出，这是个自卑的年轻人。他说自己从小被父亲虐待，十几岁时不堪忍受，离家出走，后来一直在外面打工，也能自给自足。因为在外面生活，很少和父母见面，所以相安无事。但最近他要回老家办事，不可避免地要面对他们，他很恐慌，不知道该怎么面对。没说几句，他就在直播间哭了起来。

有些人看到这里，可能觉得好笑，那是因为你根本不知道，那种阴影跟随着你无处不在、挥之不去，让你陷入巨大的情绪旋涡中，而自己又暂时没有能力消化排解是一种什么感受。我当时眼眶也红了，因为这个年轻人的痛苦，我是感同身受的。

我的眼角有一个伤疤，是我母亲用石头砸的，差一厘米我这只眼睛就瞎了。7岁的时候，我母亲用一根拴猪的绳子把我吊在横梁上打，打完继续把我吊在上面，最后还是奶奶看到了，把我放下来。平常我被打得躲在树林里不敢回家，躲在床底下哭着睡着是常有的事。除了打我们姐弟三个，我的父母也三天两头吵架打架，我基本上就是在充满暴力的环境中长大的。很多人看到网上我发布的几篇关于原生家庭的文章，以为我的父母只是重男轻女，如果真的只是如此，就不会让我活得跟刺猬一样，愤怒了十几年。

早些年我不知道自己为什么会那么暴躁，时时刻刻处于一种紧张戒备、准备战斗的状态，通过在网上骂人宣泄情绪、歇斯底里地跟父母、弟弟吵架，同时自卑、焦虑、没有

安全感。我一边怨恨父母，一边拼命地讨好他们，通过不断地给他们钱，从而得到认可。我在这样焦灼的泥潭里生活了很长时间，也花了很多年才意识到自己的问题。我通过不断地成长、愈合、接纳、原谅、放下，逐渐从创伤后应激综合征当中慢慢走了出来，这个过程真的非常艰难。

那些有类似经历的人，不管你现在正经历着什么样的痛苦和煎熬，你都要知道，你现在是个成年人，你是有选择的。你可以选择远离原生家庭的一切，和过去完全切割，也可以选择在生活和情感上和他们保持一定的距离，或者像我之前说的那样，去教育他们，重新建立有界限的、让你感到舒适的亲子关系。总之，你是有各种选择的，现在没有人可以实际地控制你。

如果你一边痛苦压抑，一边又无法逃离，还在渴望关爱，付出讨好，那大部分情况是你经济或精神不独立，还没有建立良好稳定的个人生活，内心的情感支撑体系是个空洞，所以哪怕是"有毒"的亲子关系，你还是抱着期待，渴望能从中得到爱、认可与情感支撑。因为即使是有毒的情感，也是情感。

从糟糕的原生家庭当中脱离的唯一道路，就是从精神上完成和父母的脱离。首先努力实现经济独立，与父母分开居住，独立生活，然后去打造自己的精神世界，比如认识更多的朋友，跟那些让你感到快乐的人建立人际关系，去做你自己喜欢的事。如果你不停地向前，走向更高更远的地方，拥有越来越大的世界、越来越好的生活，你的内心也就越能够接纳自我，更懂得放下和原谅，最后你才有可能成长为一个身心健康的人。无论做出哪种选择，你都无须承受血缘关系下的道德负担。

我之前看过一个新闻，一位母亲终于找到自己被拐卖30年的孩子，却发现孩子的养母就是当初拐卖孩子的人。她准备向法院控告这个拐卖人口的人贩子，没想到，儿子找到她，却说如果她去告养母的话，他这辈子都不会原谅她，也不会再见她。还有一对夫妻在医院抱错了孩子，养了7年才发

现真相，两家父母商量后，都不愿意换回自己的亲生孩子。无论是对于30岁的儿子，还是两个7岁的孩子，有血缘关系的亲生父母完全就是陌生人。这样的案例向我们说明了一个残酷的事实：有时候，血缘在长久的爱、付出与陪伴面前，是没有与之抗衡的力量的。

所以，是爱，而不是血缘关系，让我们成为一家人。有爱的血缘关系才是家人，没有爱的血缘关系，只会化身为捆绑你的绳索、约束你的工具。你完全可以选择不做捆绑下的牺牲品，不用有任何道德负担，去按照自己的意愿生活。

女性作为生育的第一责任人，如果因为本能，因为社会的约定俗成，或为了丈夫而生孩子，自己的身心还没有做好准备，也没有能力抚养孩子，那么在今后的岁月里，生活的压力、经济的捉襟见肘、人生的困顿、婚姻的不幸……由此生发的怨气很可能会被统统发泄在孩子身上。正如我的母亲差点打瞎、吊死她的女儿一样，她根本不知道暴力在我身上留下了多大的阴影，不知道成年后的我如何痛苦地跟过去作斗争，不知道对孩子的暴力可以从根源上扭曲她的人格，从精神上完全摧垮她。

很多人没有我这样的运气，一路跌跌撞撞，蜕变为今天这样人格和心理都还算健康的人。太多人一辈子都在精神创伤中无法挣脱，自卑懦弱，命运跟浮萍一样不受自己掌控，然后活成父母的样子，在困顿的生活中，以同样的方式对待自己的爱人和孩子。

希望曾经遭受原生家庭伤害的人，能抛开一切道德枷锁，勇敢地去选择，勇敢地走出来，去生活，去野蛮成长，去让自己变得强大起来。我能做到的，你一样可以做到。比起沉浸于过去，要多关注自己的当下和未来，这才是你的人生。当你成长为一个精神、经济独立，内心温暖的人，你和父母的关系，包括你人生的大部分问题，都会找到答案。

活得勇敢一点，人只能活3万天，现在已经过去1万天了，你有什么理由不去折腾呢？抛开精神、道德的枷锁，去积极尝试、体验，给你的生活打开各种可能性，找到属于自己的自信，发光发热。

2 | TWO

自我成长

精神与物质双独立

> 　　去运动、学习，和人坦诚地交流，交一些志同道合的朋友，生命有了体验之后，经验就会逐渐积累。自信随之而来，你才会对生活建立自己的理解，对生命产生自我的认知。

20 岁到 30 岁，这 10 年应该做什么

　　20岁到30岁，这10年到底应该做什么？在一个人的一生中，这10年是非常关键的，如果把人生比作盖房子的话，这个阶段就是开荒、测量、设计、打地基、拉框架的阶段。我从19岁到32岁，用了13年才完成这个过程，之后才真正把房子建造起来，进入一个豁然开朗、逐渐收获的阶段。在抱怨生活的时候，你要问问自己，你真的花时间、花精力去经营你的生活了吗？这个过程我花了整整13年。如果你正处于这个阶段，年纪轻轻焦虑什么呢？想清楚自己想要什么、该做什么，然后行动。

· 独立生活，建立自己的物质和精神世界 ·

我们首先要知道，我们的父母大多认知有限，他们的人生观、价值观、世界观是基于自身成长环境建立的，大多已经不适用于当下的时代。而且，父母通常有一个共性，就是很容易把自己失望人生中的期望加诸孩子身上，通过各种手段来控制你、操控你的生活，希望从你身上获取更多的情绪价值和经济价值。爱是丰富的精神世界的产物，如果父母精神贫瘠，就无法产生真正的爱。他们所认为的爱，大多是一己私欲，而他们对孩子的影响又是如此根深蒂固，这就是为什么那些所谓的爱和关心，常常会给你带来痛苦和窒息的感觉。

成年后的第一步，就是要学会做自己的父母，重新教育自己，审视自己过往被父母影响的价值观和思维模式，把糟粕从大脑中清除。如果你的精神不先富裕起来，不去打破固化思维，这一生便很难有突破。思想上的穷才是真正的穷。不过，仅从思想上切割是不够的，生活上如果做不到脱离父母，那独立成长便是妄谈。独立生活对人生至关重要，很多

姑娘从父亲手里到老公手里，这中间是无缝对接的，从来没有机会真正地在生活中独当一面。生活独立、经济独立，才能拥有真正的精神独立，而只有完成了这三个阶段的独立，你才有对抗生活风险的能力，才能游刃有余地面对生活中的各种挑战。

现在很多人，尤其是女性的悲剧，就是源于人生完全没有经历独立生活的过程，在走入婚姻之后，生活一旦露出它的真面目，就会被打个措手不及，狼狈不堪，然后才恍然发现这个时候已经无人可以依赖，不得不去完成本应在20岁就开始的成长，被迫自救。所以，要趁着年轻，从源头开始主动成长，这个过程虽然痛苦却充满希望，而被动成长是痛苦而绝望的。

·像海绵一样去学习·

这个阶段，多数人会从学校步入职场。无论做什么工作，不要过分在意工资，首先需要考虑的，是这份工作能不能让你学到东西。要像海绵一样大量地吸收知识，把赚到的每一分钱都投到学习上。学校里学的很多知识，在实际工作中往往用不上，所以，进入社会大学之后，更应该尽力学习、提升自己。去了解一下理想工作的招聘条件，看看自己还缺乏哪些技能和知识，有针对性地学习。给自己制定一个奋斗目标，扎扎实实地花时间朝这个方向去做，自欺欺人是没有意义的，要有行动！

没有受过高等教育的年轻人，可以尝试学一门手艺，或者做点小生意，只要吃苦耐劳、待人和善、诚信经营、踏实认真，都会得到不错的回报。我认识一个女孩，高中毕业，学了文眉的手艺，在这个行业做了七八年，不断学习，审美高，手艺好，待人和气，回头客很多，如今开了一家个人工作室，文眉一次收费上千元，客户还需要排队预约。

人最可怕的是贫穷却不自救，懒惰而急功近利，行动力差，害怕这个担心那个，好不容易开始了，又没有坚持的勇气，付出一点就想马上看到收获……这些都是精神贫困的外

在表现。如果思想上不先"脱贫"，不反省、不突破、不自我进化，终究跳不出生活的泥坑。也许年轻时还可以啃老，觉得有父母可以依靠，盲目乐观，总有一天，生活会露出狰狞的一面，让你措手不及。

20岁到30岁这10年，迷茫、困惑是正常的，人的一生就像在雾中行走，你只有把脚踏出去，才能看清下一步路在哪里。我一直鼓励大家勇敢地走出舒适区，做一些让自己感到开心的事，快乐是滋养精神的巨大能量，它会吸引来意想不到的机会和人走进你的生命。去运动、学习，和人坦诚地交流，交一些志同道合的朋友，生命有了体验之后，经验就会逐渐积累。自信随之而来，你才会对生活建立自己的理解，对生命产生自我的认知，精神世界和物质世界就是这样慢慢地一步一个脚印建立起来的。

· 不要轻率地走进婚姻 ·

20岁到30岁这10年，可以谈恋爱，但恋爱的重要性一定要排在为自己的人生打地基之后。多数男性都可以做到以事业、前途为重，而很多女性往往觉得自己有退路，大不了依靠男人。事实上，如果你个人生活的地基不稳，无法对自己的人生负起责任，你在任何一段关系中都会很被动，甚至陷入危险，感情也很难健康发展。

无论男女，都不要轻率地在这个阶段结婚，尤其是生孩子，更不要急着去买房子。在你需要全力积累的阶段，不要去增加额外的负重。否则，原本你可以直立行走，偶尔还能跑一下，现在背负着几座大山，只能弯腰爬了。父母大多无知守旧，只想转移周围人和社会给他们的压力。所以，你要非常清楚自己到底有没有能力承担、负重，因为这是你的背和腿，这是你的生活。

很多女性在"大龄剩女"的焦虑中，仓促地走入家庭，结婚生子。然而，如果你真的踏踏实实经营个人生活，为了目标努力奋斗，是不会焦虑和迷茫的。因为你没有设定目标并为此全力付出，才会迷茫、焦虑，执着于年龄，担心没有

利用生育价值换到好生活。可惜生育价值是换不来好生活的，因为生育价值是女性天生就拥有的，能不能过上好生活，主要还是靠自己的生存能力。

20岁到30岁这10年，是最容易犯错的10年，很多人的人生悲剧就是在这个阶段主动或被动地埋下隐患，等到中年的时候，不得不为这些错误买单。这个阶段正是大多数人的人生观、价值观、世界观的形成、塑造阶段，状态还不稳定，对生活的理解比较模糊，因此很容易受外界尤其是父母的影响。所以，脱离父母独立生活是首要的，然后去社会上摸爬滚打，去学习、去体验、去探索，也许会跌跟头，但是没关系，只要你不停下脚步，没有一段生活经历是在浪费生命，生活会渐渐地在你眼前拉开帷幕，变得光明起来。

> 　　要清醒地认识到，你的精神世界只有你一个人，永远都是你一个人。若有人让你依靠，抱着感恩的心态，同样积极地回馈给他依靠，但是永远不要去依赖，不要把自己的幸福、喜怒哀乐寄托在别人身上。

繁荣自己的精神王国

　　其实当下很多女性在经济上都可以做到自给自足，最大的问题不是经济不独立，而是精神不独立。精神不独立才是很多问题的根源。

　　在我收到的关于婚姻问题的求助中，有1/3的求助者是生活在一二线城市、学历很高、经济条件很好的女性，甚至很多是高级知识分子家庭出身。我一开始还有些不敢相信，受过良好教育的女性，在思想上竟然也会如此"裹小脚"，被数次家暴仍不愿离婚，原因无非是为了孩子，父母不同意，

怕人笑话……求助者中还有很多20出头的姑娘，她们大多没有受过高等教育，对男性比较依赖，迷茫时最先想到的就是谈恋爱，找个男性作为经济依靠和精神寄托。总之，就是没有办法一个人生活。

梳理一个典型中国女性的成长史，就会发现：她身边的人，她所处的环境，她背后的文化，无不是在把她往精神独立相反的方向推。

她一生下来，她的父母就松了一口气，因为她是女孩，不用跟养育男孩一样，努力打拼给孩子买车买房。从降临到这个世界那一刻起，她的父母就给她设定了一个人设：她是要嫁出去的，她是要结婚生子的。于是，她成长的路上充斥着这样的声音：一个女孩子读那么多书干什么？女子无才便是德，女人那么拼干什么，嫁个好老公不就行了？干得好不如嫁得好……等她长大了，在最好的、本应奋斗的年纪，也许会有人跟她这样说："不要这么累，以后我养你！""你负责貌美如花，我负责赚钱养家。"……这些声音都在积极地把她驯化成一个生活、经济、精神都无法独立的附属品。

　　各种无形的大手，在她20岁到30岁这10年成长的关键期，在她对未来迷茫无知时，在她面对人生的分岔口时，左右她的思想，用一条看似轻松的道路——婚姻——诱惑她放弃独立探索自己生命的可能性，千方百计地把她推进一条千百年来给女人遗留的唯一生活方式：结婚生子，照顾家庭，奉献自己。

　　各种反向引导，各种消磨意志的诱惑，让她在本该为自己的生活扛起榔头打地基的时候，选择了安逸，等待一个白马王子出现在自己的生活里，拯救自己，直到生活狠狠地给她上一课。由于结婚时缺乏清醒的认知，并不是发自内心地自主选择，她也根本不具备经营婚姻的能力，最后发现，被安排和无知引导进入的婚姻，根本没有自己想象的那么美好，反而一地鸡毛。当她们意识到这一点，就纷纷往"围城"外跳。

　　根据民政部发布的统计数据显示，2019年全年办理结婚

登记947.1万对，登记离婚415.4万对。结婚与离婚家庭的比率已达到近2：1，其中70%是由女方提出离婚的。然而，这50%离婚的女性，很有可能继续寻找下一个归属，如同寄居蟹一样，寻找下一个可以寄生的壳。她们如章鱼一般，只有吸附在一个人的身上，才能生活下去，没有意识到自己才是自身的靠山与归属。婚姻不是出路，自己才是自己的出路。

我在短视频平台上发布的一期关于农村女孩出路的视频中，很多女性留言感叹说：如果我5年前看到就好了！如果我10年前看到就好了！然而，扎心的事实是，就算人生能够从头再来，百分之八九十的人还是会选择同样的路。为自己的命运负责，从源头上扛起榔头打基地，拒绝不想要的生活，是一条漫长而孤独的路，主动吃生活的苦，是需要强大的勇气和信念的。

很多人说现在的生活是温水里煮青蛙，可你还没煮熟啊！难道真的跳不出来吗？同样的道理，跳出来是需要勇气和信念的。通往身心自由的道路，实现经济独立、精神独立的道路漫长而孤独，但是被动吃生活的苦就"轻松"多了，你不需要做任何事，不需要有什么勇气、坚持、信念，只要忍着、受着、熬着就可以了，跟现在的生活一样。

希望大家从成年开始，尽力抛开一切精神束缚，解放自己，做自己精神世界说一不二的王，去建设自己的王国，除草、挖地、搞基建，让你的王国繁荣起来。当你有了方向，知道每天需要做什么，就不会整天竖着耳朵听别人说什么，也不会到外面寻寻觅觅看别人在干什么。有一天，来了一个帮手帮你分担农活，当你累了，可以依靠他一下，让自己轻松一点，但是绝对不能依赖他、指望他。倘若他一来，你就把希望都寄托在这个人身上，让他来接管你的王国，躲在他的树荫下，当有一天他突然消失了，或者对你的田失去兴趣，去照料别人的田了，想想等待你的是什么。无非是精神世界的枯萎、衰败、失落、恐慌、失望、绝望……现实中大部分女性在这种恐慌的驱使下，如同落水的人一般，不管身边出现什么样的人，就像抓到救命稻草一样去依附。往往这时候抓到的人，只会让你的人生更加糟糕，因为你有伤口，

最先吸引来的肯定是苍蝇。

　　要清醒地认识到，你的精神世界只有你一个人，永远都是你一个人。若有人让你依靠，抱着感恩的心态，同样积极地回馈给他依靠，但是永远不要去依赖，不要把自己的幸福、喜怒哀乐寄托在别人身上。只有实现精神独立，你才会拥有爱人的能力，因为爱是精神世界的产物，你若精神不独立，何谈产生爱、给予爱？

　　精神独立的前提是实现经济独立，在经济独立的同时，构建自己的精神世界，把它当作一个花园去打理，让它繁荣起来。一旦你成为精神自由的人，你就会不以物喜，不以己悲，不会患得患失，更不会内心焦灼，不会在孤苦无依的感受中、在无尽的渴望与失望中度过一生。

> 如果你想通过婚姻改变阶层，嫁给一个优秀的人，只有一条路，那就是精神脱贫。意识到这辈子只能自己靠自己，放弃依附男人，踏踏实实地积累自救的资本，把自己提升到更上一层的择偶市场里。

你是自己的唯一靠山

这篇文章写给那些跟我出身差不多，有类似成长背景的农村姑娘，尤其是刚走上社会的未婚姑娘。我想梳理一下摆在你们面前的出路，帮你们清醒地认识到一些问题，然后尽量做出对人生有利的选择。

首先，只要你跟我的出身差不多，来自农村，没受过什么教育，父母是农民，尤其是家里有哥哥弟弟，你就要明白，你的人生从一出生就开启了艰难模式，基层女性的生存环境比基层男性要艰难得多。受千百年来根深蒂固的传统文

化影响，不管你愿不愿意，这个社会与你的父母就是要千方百计把你往婚姻里推，要求你结婚生子，而基层家庭单位的稳定也有利于社会的稳定。因为女儿必然要嫁出去，是泼出去的水，最终会成为别人家的人，所以理所当然地受到轻视，无法继承到财产；而儿子可以传宗接代，还可以通过婚姻，得到一个别人家养大的女儿劳动力。农村女孩因为没有财产可以继承，她的人生设定是必须嫁给一个男人，依附于他去生活，从他继承的财产中分一杯羹。这也是农村重男轻女的根源。城市生态里的独生男女往往不走传统的嫁娶模式，而是两个人从各自的原生家庭中独立出来，所以不存在这些问题。

　　我在短视频平台上看到一个视频，一个离婚的农村女人，她的户口没有地方接收，前夫那里不接收，想迁回老家却困难重重，一是父母嫌丢人，二是村里人也不接受。她本身是社会底层女性，靠自己买房落户也不现实。因为多年来她一直在家带孩子，在婚姻里消耗，耽误了通过工作换取保障的机会。在那个视频的评论中，很多人建议这个女人再找个男人嫁了，把户口迁到这个男人家里。很多基层女性就是这样做的，在现实压力下，不停地离婚再结婚。有些人，甚至是城市里的独立女性，恶毒地骂她们"婚驴"，我看了很生气。身处那种境况下，你真的不知道她要面对的是什么。

很多基层女性虽然不明白导致这种境遇的原因是什么，但也能模糊地发出"女孩子长大了没有家"的感慨。所以，出身农村的姑娘，在了解了社会游戏规则和现状后，就要明白，你一出生就拿到了一副差牌，所以要付出比那些拿到好牌的女性更大更多的努力，才能摆脱无形中那双大手的操控。成年后，如果你不早早为自己的人生做规划，你的命运就会像丢进温水里的青蛙一样，等到反应过来时，已经没有任何反抗的力气了。

农村姑娘成年后的第一步，就是要从思想上认识到：从现在开始，你要为自己的人生负责，你的每一个选择、每一个决定都会影响你下半辈子的命运走向。要记住一条真理，这条真理你越早意识到，这辈子所受的苦难就越少，那就

是：这个世界上没有人可以拯救你，你这一生唯一能依靠的，只有你自己。大部分基层女性的婚姻悲剧、人生苦难的根源，就是根本没有自救的意识。当然，在她们年轻无知的时候，也没有人跟她们说过这些。

自救的第一步，就是走出去，去省会城市打工，去北上广等大城市寻找机会。脱离原生家庭，去新环境中独立成长，踏踏实实地学习一门手艺或者做其他想做的事情，努力改善自己的生存环境。这条路注定孤独无助，但这是你唯一靠谱的出路。而且，能做开放空间的工作，就不要做封闭空间的工作，比如西餐厅服务员和电子厂流水线工人之间，一定要选择前者。因为前者能让你每天接触不同的人，应付相对复杂的环境，可以学到更多，而在一个环境相对封闭的流水线上，几年下来也只是新手和熟练工的区别，是没有发展前途的。

在积累自救资本的阶段，会非常艰难和孤独，很多受过高等教育、在大城市工作的女性都无力抵抗，更别说基层女性了。在你还没有挖掘出个人价值，也创造不了很大的社会价值时，女性自带的生育价值就显得尤其重要。这也是大部分女性产生年龄焦虑的根源，她们担心创造不了其他价值，又没有以自己的生育价值换取好的生活。所以在这个阶段，很多女性仓促进入婚姻。问题是，如果你只有生育价值，通常也换不来好的生活，因为看重生育价值的男性，不会优秀到哪里去，很可能跟你一样迷茫、随波逐流，物质、精神双贫困，很难去输出爱，也没有家庭责任感。因为爱和责任是精神世界苏醒的人才能感知到的一种高级情感。

如果你想通过婚姻改变阶层，嫁给一个优秀的人，只有一条路，那就是精神脱贫。意识到这辈子只能自己靠自己，放弃依附男人，踏踏实实地积累自救的资本，把自己提升到更上一层的择偶市场里，让自己多一点选择。

父母着急把你推进婚姻，只是因为他们在精神贫困之下，想要迫切地转移自己承受的压力。他们不会考虑你的幸福，他们自己得到的幸福都很少，作为不知道幸福是什么样

子、不知道婚姻质量为何物的人，他们只会告诉你：大家都是这么过来的，忍一忍就过去了，忍一忍一辈子就结束了。如果你不想过这样的生活，就要从源头上去抗争，对自己的生命负责，让自己变得强大。

请记住，婚姻不再是女人的出路了。那些已婚已育的姐妹在温水里煮久了，大多数已经失去跳出来改变命运的勇气了，希望年轻的你还有机会去创造和选择自己想要的人生。

> 所有努力的目标都是获得快乐幸福的人生，幸福和成功由你自己定义，需要你自己探索，但它一定关乎你内心滋生出来的愉悦和满足感。它没办法被标准量化，也无法用肉眼可见的物质去代表和形容。

去过不被绑架的人生

最近，大连理工大学一位因为学业压力在实验室自杀的25岁小伙子让我特别痛心，他在遗书里说下辈子想当只猫。其实，他完全可以在这辈子当只猫，在田间地头抓蝴蝶，慵懒地看花开花落，惬意地度过这一生。

我们的父母，大部分都是幸福感很低的人，如果用当下流行的"体验感"一词来形容的话，就是他们的人生体验感很差。不只父母，我们身边的成年人，生命质量高的人也非常稀少，他们就像《小王子》里生活在其他星球上的那些可

怜的大人一样，忍辱负重，被生活推着，浑浑噩噩地活到现在，不知道为什么而活。学校老师告诉我们的，只是如何学习、考试。在我们的成长过程中，"怎么生活"这一课，没有任何预习，我们身边能给予正确指导和起榜样作用的人太少了。因为没有真正生活过，也创造不了幸福，所以成年人都热衷于搬运社会营销出来的成功生活范本和幸福样本，并且乐此不疲。想从售卖给子女的样本中得到幸福的父母比比皆是。

如果你把社会想象成一个公司的话，这个公司的目的就是盈利，因此，需要人为输出一些价值观、成功标准，让那些为公司打工的人去仰望、追逐，向着这个目标任劳任怨地输出自己的劳动力。人是环境的产物，当这些观念和标准成为主流甚至唯一选择，没有其他参照，身边又有一群"搬运工"兢兢业业地把它们推给你，你就很容易也跟着众人一起遵循。所以，大部分人都活成了社会期待和父母希望的样子。

这也是造成当下很多人在压力下崩溃的原因，人生的十万八千里长征，刚走出一千公里，就稀里糊涂地背上了几座大山。读书是为了找好工作，找好工作是为了赚大钱，赚大钱是为了买房买车、娶妻生子……主流价值观对幸福、成功的定义，基本上就是名利双收、有车有房、结婚生子、老婆孩子热炕头……

很多人一辈子就在追求这些的道路上奔波。压力大，生命体验感差，大多是因为能力匹配不上欲望，而这个欲望很可能是外界植入的，是贪婪的副作用。之前看过一个男性发帖说年初被裁员，两个多月找不到工作，家里还有600万元贷款的房子，急得脱发失眠……还有那个在街头因为违章被交警拦下，抱着警察号啕大哭的外卖大哥，说每天一睁眼就是好几千元车贷房贷，孩子都没钱喝奶粉。看到类似事例的时候，我总是在想：为什么大家搞不清楚一个简单的道理呢？赚钱、结婚、买车、买房的终极目的是获得幸福的人生。结婚是认为婚姻和孩子能带来幸福；买车是想方便出行或者获得认可和尊重；买房是想获得安全感，过上幸福安稳的生

活。归根结底，幸福才是我们的追求，而不是婚姻和车、房本身。

如果你选择买车买房，背负车贷房贷，选择为了结婚而结婚的婚姻，因此而背负沉重的经济和精神负担，导致生活品质直线下降，食之无味、夜不能寐，甚至成为你在街上失控、抱着陌生人号啕大哭的源头，完全违背了它本应该发挥的作用——创造幸福感，那么你可以扪心自问：做这些事的意义是什么？

你要明白，所有努力的目标都是获得快乐幸福的人生，幸福和成功由你自己定义，需要你自己探索，但它一定是你内心滋生出来的愉悦和满足感。它没办法被标准量化，也无法用肉眼可见的物质去代表和形容，不同的人对它有不同的理解。我们之所以会产生"只要我拥有金钱、车子、房子、婚姻、孩子，我就拥有了幸福，我就是成功人士"的观念，是社会营销的结果。每个人都在嘲笑那些被骗进传销组织、相信电信诈骗的人，殊不知，所谓的成功观念，在某种程度上来说，也是一种"传销"，只不过它的力量更强大，强大到你意识不到那是别人灌输给你的。这就好比一双无形的大手在你眼前挂了一块名叫"成功和幸福"的肉，但不让你轻易吃到它，你一直饥饿，才有动力用毕生的生命，像机器一样永不停歇地运转，榨干自己，去换取别人推销给你的"幸福"介质。

这些所谓的成功范本、幸福范本，消耗你的生命，透支你的健康，牺牲你的时间，让你没有时间陪家人，错过孩子的第一次走路、第一次上学、无数个生日。你像机器一样运转，分得其中一杯羹，以为自己给家庭带来了幸福。然而，用加班50个小时分得的一杯羹给孩子报钢琴课，所达到的效果，有可能还不如你放下手机5小时，陪孩子在大自然中徒步，跟他讲沿途的花是怎么开的，天上的云怎么来的，让孩子在成年后回味那个阳光灿烂的下午，和爸爸妈妈一起走过的路，更能让孩子感到幸福。

我在某一天坚定了我想要的生活，理解了幸福就是身体

的无病痛和内心的无困扰之后，那些我曾经认为重要的东西，那些试图绑架我的人和观念，突然就对我没有任何力量了。

　　希望大家都能认识到什么对你这一生最重要，定义属于自己的幸福和成功，选择适合自己、让自己快乐的生活方式。你永远都是有选择的。换一种生活方式，就是体验一种不同的人生。每一条沟渠最终都会通向大海，哪怕你绕点弯，那都是人生，只是沿途的风景不一样而已。

> 在日常生活中，多对那些给你提供帮助的人说谢谢，这不仅关乎你的个人素质，而且具有社会意义，你越鼓励利他者，利他者就越多。一个群体中利他者多，每个个体都会是受益者。

真正的自私是以爱之名的情感勒索

很多女性在面对父母情感上的压榨、经济上的索取时，很难说"不"。一部分女性虽然拒绝了，但与此同时会产生深深的愧疚感，怀疑自己是不是太自私了。不生孩子的女人会被贴上自私的标签，一些女性在离婚的时候没有要孩子，也会受到舆论的道德审判，说她自私。女性是受"自私"这个道德问题困扰最严重的群体。那么，什么是真正的自私？为什么社会对女性道德上的要求远远高于男性？

自私最常见的定义就是只想着自己，以自己的利益为优先。

这种定义下的自私完全没有问题，以个人利益为优先是我们每个人都应该做的，也是当下大部分人实际在做的，只是在道德的约束下，很多人都不敢袒露自己真实的一面。趋利避害是人类的天性，在群体中首先保障自身的存活，是完全符合人性的。我们一日不能正视自己人性的一面，就一日不能克服人性的弱点，从而进化成一个更好的人。

哪些人是真正自私的人？是那些想从你身上获取利益，用血缘和所谓的爱来进行情感勒索，要求你无偿牺牲、无私奉献，要求你损害自己的利益、以他们的利益为优先的人，这样的人才是真正自私的人。

你只要确定在争取自己利益的同时没有侵害其他人的利益就可以了，侵犯别人的利益才是自私。在实际生活中，尤其是在职场上，争取自己的利益有时也会侵犯到他人的利益，但是只要在法律和规则允许的范围内，你的争取就是没有问题的。

在群体中，无私的利他者、有自我牺牲精神的个体越多，越有利于群体的发展，但这样的人绝对不是靠道德绑架来的，而应该靠鼓励，靠更大的利益去驱使。这个利益就是社会的肯定，群体的爱戴和尊敬，比如政府和企业会给一些做好事的人颁发奖状、奖金来鼓励他们。一个人只要明白，做一个利他者，会在群体中更受欢迎、爱戴，甚至被崇拜，自然而然就会跟自私的基因作斗争。这种行动的发起必须是心甘情愿、发自内心的，任何外界力量的约束都是让人违背人性，做阳奉阴违的伪君子，活在虚伪的面具下，自欺欺人。所以，希望大家在日常生活中，多对那些给你提供帮助的人说谢谢，这不仅关乎你的个人素质，而且具有社会意义，你越鼓励利他者，利他者就越多。一个群体中利他者多，每个个体都会是受益者。

为什么社会对女性道德上的要求远远高于男性？很多女性只要一想到为自己谋取利益，以自己的需求为优先，就有沉重的道德上的羞耻感。比如，很多女孩子都不好意思说爱钱，害怕被贴上"物质女"的标签，但是反过来想想，那些说你物质的人，哪个不是自己爱钱爱到骨子里？再比如女性

强烈的性羞耻感，所有的耻感文化都是对女性驯化的一部分，是男权社会千百年来对女性思想上的规训与控制。通过拔高女性的道德标准，提高警戒线，在长期的刺激下，女性自然而然会在头脑中建立"圣母"条律，从而进行自我约束。

如果女性爱钱，以自己为优先，凡事为自己考虑，懂得为自己争取利益，那怎么乖乖地为哥哥、弟弟、丈夫、孩子牺牲呢？我们的文化、我们的父母从没有把女孩当作一个独立的主体去培养，很少鼓励女性跟男性一样，追求个人事业上的成功或某个领域的卓越，鼓励她以自己为中心，全方位开发自己的潜能，实现自我。很多女性从小就被当作一个要结婚生子、为家庭奉献、为他人牺牲的客体来培养，是一个全面为主体服务的形象。现在很多父母花了几十万、上百万元送女儿读书、留学，培养各种爱好，学习艺术，目的竟然是希望女儿将来嫁个好男人？

一旦了解了千百年来女性的思想规训是怎么产生与形成

的，种种沉重的羞耻感是怎样灌输和影响我们的，我们就可以像一头被细铁链拴住的大象一样，抬起脚，扯断那些精神枷锁，光明正大地争取和维护自己的利益，做一个以自己的利益为优先的人，认清那些试图用道德绑架你的人的自私嘴脸。

去和男性一样，活成一个主体，按照自己的意愿规划人生。你是自己人生的主人，不是谁的配角，女性可以跟男性一样，创造卓越的社会价值，实现自我，赋予自己的生命更崇高的意义。

> 精神贫困对我们一生的影响是巨大的，它直接影响了我们的思维方式。思维方式影响我们对事物的判断，判断决定选择，选择决定行动，行动决定结果，而结果决定了我们的命运。

克服思想上的贫穷

物质贫困会影响一个人的精神富足，但绝对不会限制我们，因为人的精神力量终究是远远大于物质力量的。下面我想聊一聊精神贫困在一个人身上的具体表现和它对我们的影响，以及如何摆脱精神贫困。

精神贫困，也就是思想上的贫穷，肉眼是看不出来的，它只会通过思想指导我们的行动，再通过言行举止表现出来。比如自私狭隘、消极懈怠、没有同理心、缺乏共情能力、不具备独立思考能力等，所有人性当中恶的部分，我都认为是精神贫困的外在表现。精神贫困的人，其思维是固化的、主观的，而精神富足的人的思维是流动的、客观的，像软件一样可以更新。正如死水和活水的区别，死水时间长了就变成臭水坑，而小溪永远是清澈见底的涓涓细流。

精神贫困对我们一生的影响是巨大的，它直接影响我们的思维方式。思维方式会影响我们对事物的判断，判断决定选择，选择决定行动，行动决定结果，而结果就决定了我们的命运。所以，精神的贫富，直接决定了我们命运的走向。

很多人的不幸命运，都是因为精神贫困导致了对生活的错误判断和选择，从而造成了不幸的结果。思想上的短板，加上缺乏独立思考的能力，这简直是人生灾难的源头。所以，你可能会看到，生活中一些人的人生就是不断地在做错误的选择，从一个坑跳进另一个坑。

为什么说选择大于努力？意义就在这里，你再努力，选择错了，生活就会一夜之间跌入谷底。

要摆脱精神贫困，第一点就是认识到自己的局限性和无

知，保持谦卑。古人说"读万卷书，行万里路"，意思就是要通过阅读和行走，通过跟更多的人交谈，看到更大的世界，从而认识到自己的不足，从根本上规避狂妄自大、不思进取。学习是摆脱精神贫困最直接有效的一条路，它会帮助你建立清醒的自我认知，逐渐构建出完整的精神世界。所以，我一直建议大家保持阅读的好习惯，一个有阅读习惯的人，精神必定是富足的。一杯30元的奶茶，就可以换来一个哲学家的伟大思想，世上还有比这更好的事吗？阅读是这个世界上成本最低、收获最大的投资行为。

第二点，在生活中，我们要学会把自己从消极、主观、固化型思维中拽出来，转为积极、客观、进取型思维。比如，我们看到一个身材管理得很好，家里也打扫得干干净净的家庭主妇时，首先想到的不应该是"我要是有钱也可以这样""肯定有人帮她带孩子"，要把这种消极的思维模式转为积极的思维模式，比如："她是怎么做到的？她为什么能做到？她有什么方法我可以借鉴、学习？"肯定别人，正视自己的不足，借用成功的方法，是成长的重要一步。

　　当然，物质富足的人更有可能成为精神富足的人。如果物质贫乏，你的"行千里路"可能是去浙江，而物质富足的人，他的"行千里路"是去南极，看到更大的世界；你每天"996"，回到家就困得不行，他却有大把的时间在海边的长椅上阅读。他有更多的选择去丰富自己的精神世界，这点我们必须承认。但是，如果你物质贫困，却依旧保持很多美好的品格，保持精神世界的纯良，浑身散发着人性光辉，那么，即使当下贫困，也会是暂时的，哪怕一辈子创造不了很大的财富，只要你拥有这样美好的品格，也必定会内心平静、安宁幸福。

> 真正的安全感，是你手上赖以生存的种植技术，是你大脑中的知识，是你对未来的信心，是即使有一天你的地被大水淹了，你依然有随时重新再来的勇气和底气。

安全感是你手头的种植术

假设每个人生下来都拥有一块田，我们的父母、老师花了几十年教会我们怎么种田，比如"今天是芒种，可以下秧了""今天要打农药了，药水的配比是……"但是，没有人跟我们说，每块地的土壤是不一样的，适合种的东西也不一样。所以，在你成年后，在建立自己的认知开始，就要学会做自己的老师和父母，进行自我教育。你要研究自己是什么性质的土壤，适合种什么，你要知道自己喜欢种什么，而不是别人希望你种什么。通过不断地探索、学习，你掌握了各种种植技术，在种植的过程中感到无比快乐和自信，这时，你离真正的安全感就不远了。

在这个过程中，你可能看到隔壁田的老王已经帮儿子亩产三万斤了，隔壁老李都已经生了三个儿子在田里干活了。这时候，产生一些怀疑和恐慌是很正常的，你要记住，因为恐慌而产生的需求，大多不是自己真正想要的。每个人都在种稻子，只有你在种苹果，显得有点格格不入，但不是每个人的土壤都适合种稻子，这点不用怀疑。

一个人在恐慌心态下做出的选择，大多数都是错误的。哪怕不选择，原地踏步，也比做出错误的选择导致倒退要好。在恐慌心态下抓住手上的东西，除了极少数幸运儿，大多数时候不会提高你的生活质量，让你更加幸福快乐，反而有可能成为生活失控、人生灾难的源头。

真正的安全感，是你手上赖以生存的种植技术，是你大脑中的知识，是你对未来的信心，是即使有一天你的地被大水淹了，你依然有随时重新再来的勇气和底气。只有别人

永远拿不走的东西，才会给你的内心带来真正的安全感。像钱、房子、伴侣都有可能会失去，这些一夜之间可以失去的东西，是不会带给我们真正的安全感的。

希望所有年轻人，把研究自己是什么土壤、寻找自己喜欢种什么当作一生的课题，在这个过程中，去获取大量的知识和生存的技能，建立自己对未来生活的信心，从而获得真正的安全感。真正的安全感会让你的内心无比坚定、平静，你会清晰地知道自己想要的生活，不会因为恐慌的驱使而做出错误的选择，再被错误的选择带至糟糕的命运。

> 不要被各种人为制造、社会营销出来的焦虑绑架，结婚生子、买车买房都只不过是人生选项，是选择，而不是必须。"必须"符合社会的利益，但是否符合你的利益，需要你自己判断。

不被社会营销的游戏乱了心智

我在短视频平台上看到一个视频：一个女人面部表情和肢体动作极其夸张，她在表演相亲过程中百般挑剔、自我感觉良好的"剩女"形象。

大家有没有想过，为什么"剩女"这个词高频出现，为什么这么多人贩卖焦虑，不遗余力地给单身男女贴上"光棍""剩女"的标签，为什么整个社会都在给单身男女制造压力？

除了剩女威胁、光棍威胁、最佳生育年龄威胁、孤独终老威胁等，还有所谓的"有车有房才是成功"的经济压力，以及"孩子要赢在起跑线上"的育儿压力。如此种种，如果你能透过现象看到本质的话，就会发现，这些其实都是社会营销的结果。

假设社会是一个游戏，如果你从源头上就不参与这个游戏，游戏公司怎么能赚到你的钱呢？

如果游戏公司直接推销，你很容易产生警惕和抵触心理，但是营销就不一样了，相当于游戏公司的宣传部门通过各种渠道推广这款游戏，比如"不玩这个游戏，你就是边缘人士""不玩这个游戏，你就是失败者""玩了这个游戏，你才是人生赢家"，等等。

人都是环境的产物，这些人为输出的观念日复一日地在耳边萦绕，你慢慢被熏陶，在不知不觉中接受、认同，并且下载、注册这款游戏。从这个时候起，游戏公司就开始赚你的钱了。

社会也是同样的做法，为了自身发展，或者说是出于既得利益者的需要，必须让社会大众参与到它制定的游戏规则中来，这样才能获利。一个家庭单位创造的价值远远大于单身，因为结婚就要买房子，生孩子就要支付教育成本，很多人还要买学区房。基本上一旦结婚生子，你在这个游戏中就自动升级成VIP，各种规则环环相扣，你身处其中轻易脱不了身，你是最理想稳定的为社会创造价值的螺丝钉。这就是社会给单身男女压力的动力之源。

前面说到结婚就要买房子，相信很多人都发自内心地认同"结婚就要买房"这个观念，其实这就是一个很成功的营销案例，把房子和婚恋挂钩，搭配在一起营销。因为爱情人人向往，和爱情绑定也会在一定程度上使人们放松警惕。

钻石也是一样，这种完全可以人工合成的碳晶体，通过跟爱、永恒挂钩，成为20世纪营销最成功的商品之一。很多被制造出来的节日，如"520"，也是同一个模式。这些都是外界植入你大脑中的，其中有一些观念强大到你根本不认为

是受外界的影响，以为就是你自身的需求，你的人生目标。你可以问问自己：小时候的梦想里有"我长大了以后，想结婚生子，买车买房还房贷"吗？

个别企业为了吸引你加入这个游戏，获取利益，而大肆宣传，通过各种渠道传播，把你往这条路上拉，先影响你的父母，再影响你周围的人，再由他们影响你。

为什么身边这么多人活得那么累？因为他们是这些观念的认同者、执行者，但又不具备消费这些观念的能力。加上这些观念不是他们内心主动生发出来的，而是被动植入、被迫承受的，因此，他们活得既累又压抑，不敢辞职，不敢生病，毫无生活质量可言。

有些女性迫于压力，如完成任务一般结婚生子，要么婚姻质量低下，要么离婚，然后带着孩子，大半生都在生活的泥潭里挣扎。如果她们当初能清醒地意识到，耳边的这些声音，所谓的"大龄剩女""孤独终老"，不过是利用社会营销的方式，在制造恐慌、绑架弱者，也许就不会被动地加入这场游戏了。为什么电信诈骗犯总是说"你的银行账号有风险""你的账号已被冻结"？因为只有激发你的恐慌，你才会在慌乱中做出对他们有利的选择。

我不是阻止大家结婚生子、买车买房，而是希望大家不要被各种人为制造、营销出来的焦虑绑架，结婚生子、买车买房都只不过是人生选项，是选择，而不是必须。"必须"符合社会的利益，但是否符合你个人的利益，需要你自己判断。

希望大家在这个世界上能清醒理智、内心坚定地活着，真正明白什么对自己最重要，选择内心真正想要的、想玩的游戏，而不是被各种宣传扰乱心智，被翻滚浪潮中的各种理念裹挟着向前走。

> 你这辈子要做的最重要的事就是修建自己人生的大坝，蓄满水后开闸，让生命之水冲出属于自己的沟渠，跟随自己内心的激情所在，去挖掘自己的潜能，实现个人价值。

像水一样去生活

在短视频平台上有上百万粉丝、被记者采访、出版图书、出售画作，这些从来都不在我的人生计划表里，现在却逐渐成为我生活的一部分。大家如果对我有一点了解的话，就会发现，我前半生的生活轨迹就跟山上流下来的水一样，没有什么明确的计划。没上高中，没上大学，就已经偏离了大多数人的人生轨迹，后面更谈不上按部就班。我成年后的生活，基本上是跟随当时的直觉，根据当下的需求，机动调整生活的方向。到最近几年，我完全跟随自己的内心和兴趣，走到了今天。

如果说命运是水的话，成年后的我从来没有想过要把水引到某条特定的沟渠，比如父母认为好的沟渠，或者人多的沟渠。在相当长的一段时间，我做的事就是修建我人生的大坝，往大坝里蓄水，蓄到一定程度后，打开闸门，把我的生命之水交给直觉、兴趣，交给我的心之所向与激情所在，让它可以毫不费力地顺势而下，自己去奔流。我用半生的时间证实了"水到渠成"这个成语的正确性，你的水到了，渠就会形成，水的力量会冲出一道属于你自己的沟渠。

现在太多人不知道怎么修建大坝，不知道怎么蓄水，也不给自己学习的机会，不给自己成长、摸索的时间和空间，在慌乱中稀里糊涂地接过父母和社会递过来的大铁锹，跟父母一起挖沟，把自己的命运之水引到他们指定的沟渠中，因为那里有成功人士模范田、幸福样本田。父母跟在后面帮你挖，你再匆匆忙忙地生出一个小人，继承你家的几把大铁锹，就这样弯着腰挖了半辈子，都腰椎间盘突出了，也没有

勇气去选择一条其他沟渠。你没有意识到，水无论引到哪里，最终都会流向大海，只是路径不同，风景不同，感受不同而已。

这就是为什么我建议年轻人把结婚生子、买车买房排除出你的人生计划表。结婚生子应该是顺其自然发生的，而不是目标和任务，它们跟其他事一样，都只是人生的选项。父母认为这是人生必须完成的，只是因为他们挖了一辈子沟，根本不知道沟渠之外的天空是什么样的，不知道人生还有那么多活法。你这辈子要做的最重要的事就是修建自己人生的大坝，蓄满水后开闸，让生命之水冲出属于自己的沟渠，然后在不断前进的过程中，根据自己当下的需求，灵活地做出调整，跟随自己内心的激情所在，去挖掘自己的潜能，实现个人价值，认真热烈地活着。

利益、金钱，都是个人价值变现的结果。在创造价值、实现自我的过程中，你会毫无压力、顺其自然地得到想要的东西，就跟现在的我一样。以金钱为目的，做金钱的奴隶，只盯着眼前的利益，为金钱消耗生命，为别人推销的幸福模式买单，从而导致生活没有其他任何可能，这样的人要么一辈子在贫困线上挣扎，要么幸福感低下。这就是典型的思想贫困，它从源头上束缚了你的潜能，限制了你的发展，让你因一叶障目而错失更多的机会。

活得勇敢一点，若你觉得挖沟幸福就去干，若你不想挖，就要从源头上拒绝递给你的那把大铁锹。

我的前半生就是一部血泪交织的基层女性奋斗史，在我的人生字典里，从来就没有"混吃等死"四个字。只不过我奋斗，是为了终有一天获得身心自由、自我解放，为了人生有更多的选择，有更多的力量去对抗生活，能按照我想要的生活方式去过这一生，绝对不是为了追求社会营造的幸福范本，活成别人眼里的"成功人士"。我从不会消费任何我能力以外的东西，无论多少人拥有它、说它好，我只遵循内心的需求。

如果你发自内心地喜欢做咸鱼，安于你选择的生活方式，那么这也是一种幸福。我们要尊重每个人选择生活方式

的权利，只是如果你想看更大的世界，拥有更多的自由（因为自由是争取来的，而不是靠放弃得来的），希望人生有更多的选择，那么你就要去大量蓄水，勤勤恳恳修建自己人生的大坝，明确你想要的生活，坚定信念，然后跟随自己的命运之水，冲出属于自己的沟渠，享受这一路属于自己的风景。

> 容貌焦虑的根源是生存能力和个人价值的焦虑，我们要从源头上磨炼生存能力，努力挖掘并实现个人价值。虽然这是一条艰难的路，但却是最踏实、靠谱的一条路。

摆脱容貌焦虑，美由自己定义

容貌焦虑的困扰在女性当中是非常普遍的，那么，导致这一焦虑的社会背景是什么？女性应该如何面对容貌焦虑呢？

人类社会的规则都是强者制定的，谁强，谁就有话语权，谁就有权力制定规则、引领大众。为什么我们看好莱坞而不是宝莱坞电影？为什么英语是国际通用语言而葡萄牙语不是？这就是强势文化的话语权。人类本性慕强，向强者和强势文化靠拢是一种本能。

很多时候，男性作为强势的一方，扮演着主导、引领的角色。在当下的社会中，女性关键岗位所占的比例还是比较低的，观察一下大公司的关键岗位，女性高管的占比远远低于男性高管。

很多男性抱怨说当下女性的地位已经很高了，怎么还不知足。如果跟妈妈、奶奶辈的女性比起来，当今女性的社会地位确实更高一点，毕竟我们可以接受教育，参与社会劳动，能够养活自己，也有了拒绝婚姻的勇气和说"不"的权利。但是，如果说这就是地位高的话，相当于你把一只脚踩在女性头上几千年，她到现在才开始觉得痛，开始拒绝、叫喊、反抗，你却因此骂她不知足。这就是一种"奴隶主"心态了。

女性地位高与低，是根据女性参与社会劳动的比例、掌握社会关键岗位的数量来衡量的。在关键岗位有话语权，掌握经济命脉才是真正的地位高。在一个社会结构中，哪个性别手上的权力和金钱多，哪个性别就有话语权，地位就高。

假如10个关键岗位上有3个是女性，10元钱中有3元钱在女性手上，社会资源的蛋糕女性吃了三成，这样的情况，还要说女性地位高，就有点强词夺理了。

在一个男性主导的社会中，千百年来，女性外表美的标准都是由男性审美决定的。唐明皇喜欢丰满的杨玉环，唐朝的女性就以丰满为美；春秋时期楚灵王喜好细腰，国中上下便以瘦为美。从20世纪80年代"两条辫子粗又长"的小芳，到当下对美女"白幼瘦"、清纯脸或网红脸的定义，都是主流男性审美下的标准。

很多女性因为达不到这个标准，产生了巨大的焦虑，因为在男权社会，如果一个女性的外表符合主流男性的审美，那么她在获取生存资源，比如找对象、找工作时，就必定占据优势，或者因为更受欢迎而获得一些额外资源，比如受男性欢迎的女主播获得的打赏更多。所以女性的容貌焦虑，本质上和年龄焦虑一样，其根源都是对生存资源、生存能力的焦虑，是对自身价值不确定的焦虑。

　　一个男女相对平等、文明高度发达的社会，相比外貌，人们会更多地注重个人魅力。一个男人自信的笑容、健康的体魄、幽默的谈吐，远比口袋里的钱对女性更有吸引力；同样，一个女人即使相貌平平，但是她非常自信，散发着个人独特的魅力，也会对男性具有强大的吸引力。精神世界越丰富的人，越注重精神世界的交流，而精神越贫瘠，审美标准就越单一，就越追求感官上的刺激。从当下男性的择偶观上也可以看出一些端倪，真正有知识、思想进步的男性，相比女性的外貌，更看重女性的个人能力、个人魅力、兴趣爱好，以及两个人的精神世界是否能产生共鸣。而底层男性则更加看重女性的外貌，以及跟生育能力挂钩的年龄。

　　美貌真的能换取好的生存资源吗？

　　从短期来说，也许可以，但从长期来说，真正有价值的可持续生存资源，都跟自己的生存能力有关，这辈子你活得好不好，跟你长什么样没太大关系。美貌跟学历一样是敲门砖，如果你只有美貌，那就要明白，美貌是有保质期的。

消费美貌的男性大多只是在消费你，而美貌的吸引力跟性吸引力一样，是有周期的。一旦你尝到容貌换取资源的好处，开始走上这条捷径，就会陷入另外一种容貌焦虑。很多女性整容整到根本停不下来，甚至最终毁容，或者为了减肥而催吐，做各种自我伤害的事，人生由此进入另一个恶性循环。

容貌焦虑的根源还是生存能力和个人价值的焦虑，想要摆脱这个焦虑，只有从源头上磨炼生存能力，努力挖掘并实现个人价值。这虽然是一条艰难的路，却是最踏实、靠谱的一条路。

希望广大女性能从各种社会"洗脑"话术中超脱出来，去定义自己的美。你有容貌焦虑，那是因为你还没有品尝到自信和魅力的味道。等你成长为一个自信积极、充满个人魅力的女性，你就会像个小太阳一样，走到哪里都闪闪发光。

> 没有自信的年轻人们，请多去探索这个世界，对生活保持好奇心，去做那些一直想做却不敢做的事。勇敢地跨出第一步，即使失败也没关系，你一样可以从失败中收获经验，收获下一次尝试的信心。

自信来自大量的经验

很多年轻人向我求助，说自己自卑、没自信，问我该怎么办。

首先你才20出头，年轻的时候没自信是很正常的，就跟年轻时候的迷茫一样。这就是青春，青春就是慌乱的，若你哪天到了不以物喜，不以己悲，内心稳如"老狗"的时候，你就老了。成长是一个过程，你要给自己一些时间。你内心的自卑、焦虑，表示你有成长的渴望，你想有所突破、改变，成为想成为的人，这是积极正面的情绪，你要学会正视它，然后再用实际行动去改变。

那怎么改变，如何建立自信呢？

Confidence comes with experience.（自信来自经验。）

为什么很多年轻人沉迷游戏无法自拔？因为游戏是他们唯一能获得存在感和自信的地方。这个自信从哪里来的？是用无数个小时的经验积累出来的。即使他们在其他地方平平无奇、无话可说，和别人谈起游戏来，肯定滔滔不绝。

我当初创业，见第1个客户时，讲话都脸红结巴；等见到第10个客户时，我已经积累了一些经验，就不脸红了；等见到第20个客户时，我就不结巴了。9年后的今天，我再去见客户，哪怕是有几千名员工的老板，哪怕再大的场面，我也丝毫不会慌乱，自信满满。为什么？因为这么多年我积累了很多见客户的经验。

我从自己的运动能力和学习能力中也获得了很多自信。我喜欢健身、徒步、登山、野营、骑车、玩滑板等，从中积

累了各种体育活动、户外运动的经验；从工作、创业中，我积累了各种学习的经验。

所以，请多去探索这个世界，对生活保持好奇心，去做那些一直想做却不敢做的事。勇敢地跨出第一步，即使失败也没关系，你一样可以从失败中收获经验，收获下一次尝试的信心。在众多尝试、体验的事情中找到你最喜欢的那件事，找到你的热情所在，然后坚定地钻研下去，用时间去积累，你在这件事上收获的经验越多，这件事就会反馈给你越多的自信。

总之一句话，就是去折腾，树挪死，人挪活。放眼全世界，看看那些活得让人仰慕的人、对世界有贡献的人、活出自我的人，哪个不是从年轻的时候就生命力旺盛、喜欢折腾的人？

如果你整天无所事事，生活一成不变，对生活毫无好奇心，有什么想法自己就先否定，想做的事放在脑子里发霉，还没开始就在前方预设障碍，凭空想象出困难，怕这个人嘲笑，怕那个人轻视，从不敢跨出舒适区，没有任何行动，那你从哪里积累经验呢？你的自信从哪里获取呢，空气里吗？

活得勇敢一点，反正你只能活3万多天，现在已经过去1万多天了，你有什么理由不去折腾呢？抛开精神、道德枷锁，去积极尝试、体验，给你的生活打开各种可能性，然后找到属于自己的自信，发光发热吧！

> 其实，只要放下所谓的面子，再动点脑子，外加一点行动力，都是可以改善生活的。对任何一件事都要有行动力，"自助者天助之"，你自己不帮助自己，别人怎么帮助你呢？你要自己先去做，别人才有机会帮助你。

改变，从行动开始

我和Peter2011年正式创业，从2009年就开始做准备。为了存钱，我们从月租6000元的公寓搬到了月租2300元的一个"老破小"里，面积只有42平方米。我们在这里住了5年，这个Peter连洗澡都站不直身体的小房子就是我们今天生活的起点。创业的过程非常艰难，需要破釜沉舟的勇气和坚定的信念，伴随着不断的自我怀疑与自我否定，我经常彻夜不眠、以泪洗面，但是它又值得追求，只要经历了创业这个过程，无论结果是不是你想要的，你的人生都会从此不一样。

下面我想说说给所有创业者或想要创业的人的一些建议。

· 做好准备 ·

无论进入哪个行业，都要先做好全方位的准备，进行充足的调查，获得可靠的数据支持。比如，你准备开个奶茶店或火锅店，可以先去类似的店里打工一年半载，搞清楚系统运作方式、进货渠道、经营成本，了解你的资金在没有盈利之前能支撑多久。另外，还要想清楚如果创业失败，对你的生活会造成多大影响，你能不能承受损失。前期做好充足的功课，获得坚实的数据支持，后期的工作才会事半功倍。

· 创业要选择熟悉的领域 ·

我跟Peter的创业领域是选择了Peter的兴趣爱好——建筑摄影，因为熟悉就有经验，有经验就有自信，你会知道自己的优势是什么，成本大致多少，怎样避免掉进坑里。如果

你对要创业的领域不熟悉，就很容易掉进陷阱。很多做微商吃亏的人对此应该感同身受，因为不熟悉，所有信息都是别人告诉你的，那些想让你入伙、赚你钱的人，最擅长的就是把一件事说得天花乱坠，激发你的贪念。一个人一生掉进的坑大多都是因贪念而起，而基层的穷人由于急切地想要摆脱贫困，也是最容易起贪念的。

如果你想在不熟悉的情况下进入某个行业，那么就去做充足的准备，进入这个行业工作一段时间。如果没办法实践，可以收集相关资料，了解同行业里已经成功的人是怎么做的。

· 寻求突破和增加核心竞争力 ·

我和Peter创业是从零开始的，创业初期没有客户资源，就在网上找潜在客户，给他们打电话、发邮件。现在很多公司都有微博、LinkedIn（领英）账号，去找、去挖掘。有一次，我们路过淮海路，看到一家建筑事务所，犹豫很久，还是去敲门发了一张名片。整个过程很尴尬，通常不请自来都会遭到对方的反感，回到家后我就哭了。无论前期做了多少心理准备，在实际经历中，还是会产生不一样的感受，这需要你内心强大，不断遭遇挫折，再擦干眼泪继续向前。也许很多时候你会感觉坚持不下去，不少人就此放弃，这时候你一定要再咬咬牙坚持一下。

在你被客户筛选的阶段，很多事都没有主动权，会面临不平等的合作条款，甚至感觉尊严被践踏，这是生存发展的过程中必经的一条道路，需要调整好心态。只需记住，无论你的公司提供什么样的产品或者服务，面对前期不够优质的客户时，钱再少，也要百分之百地努力把事情做好。你的产品、你的工作态度是筛选到优质客户的唯一路径，尽全力把事情做好永远都是你的核心竞争力。

很多基层女性没有工作，在家带孩子，向我求助如何才能脱贫。首先我建议把网络上那些说可以带你一起发财，让你投资的人统统拉黑。如果真的能赚到钱，他们早就自己闷

声发大财了，不会跟你说的。赚钱的第一步就是别亏钱。

　　基层女性可以参考上面说的，在熟悉的领域做一些力所能及的事，看看自己有没有什么手艺可以变现。我就在短视频平台上买过一个手工钩的毛线兔子，260元。在短视频平台上有很多做手工的人，比如做手工包、钩杯垫、编织波希米亚挂毯等。其中有一个织毛衣的男人我印象深刻，他把织毛衣的过程制作成视频发布在短视频平台上，吸引了众多粉丝。他织的毛衣价格很贵，但卖得特别好。所有的兴趣爱好，玩到极致都可能转化为金钱。不会的话就去学，即使是做饭、做包子，也完全可以发视频。不要想着没人关注点赞，不做一点机会都没有，做了才有机会。有一个在工地上做菜的大姐，从几千个关注者渐渐做到300多万人关注，接一个广告就可以赚几万元。你也可以去卖盒饭，把这个过程用视频记录下来。如果你在农村，还可以卖农村的土特产，自家地里种的东西。

　　其实，只要放下所谓的面子，再动点脑子，外加一点行动力，都是可以改善生活的。对任何一件事都要有行动力，"自助者天助之"，你自己不帮助自己，别人怎么帮助你呢？你要自己先去做，别人才有机会帮助你。假如你每天只知道玩手机，生活是不会有任何变化的。

有想做的事，不要害怕失败，勇敢地尝试，失败也是一种财富。失败不可怕，害怕失败而不去做才是最可怕的。

真正的"爱自己"，就是勇敢地为自己的生活做选择，从生活的小事开始独立自主，勇敢地面对选择带来的结果，并勇敢地承担责任，去经历，去成长。

为生命负责，才是真正的"爱自己"

　　当下很多女孩子对"爱自己"好像有什么误解，"爱自己"并不是指给自己买支口红、买双鞋，用物质来奖励、犒劳自己，这是商家希望的"爱自己"。

　　真正的"爱自己"，是你懂得为自己的生命负责，明白你的命运是由生活中一个个大大小小的选择引领着向前，也同时决定着走向。当你能够把影响你命运走向的选择权掌握在自己手上，而不是被一双双无形的大手推着走，不加抗争地接受被安排的命运时，你才是真正地"爱自己"。

　　这个世界上，许多成年人的痛苦、焦灼，都是因为活在一个巨型婴儿的躯壳里，逃避成长和责任。成长意味着改变，改变是痛苦的，承担责任也是痛苦的。然而，这是成长必须要付出的代价。

不经历成长的"社会婴儿"，是无法成熟地生活在成年人的世界里的。在遇到无法理解、难以处理的事时，他们或惊恐万分，号啕大哭，或产生应激反应，挥拳相向，或第一时间想要逃跑，寻求他人的庇护。同时，因为无法判断、无法面对、无法处理问题而使精神备受困扰，他们对生活充满愤懑，对周围的一切感到愤怒，不断地伤害自己和他人。

真正的"爱自己"，就是勇敢地为自己的生活作选择，从生活的小事开始独立自主，勇敢地面对选择带来的结果，并勇敢地承担责任，去经历，去成长，努力把命运引领到自己想要到达的地方。在这条不断选择、不断前进的路上，肯定会跌跟头、流泪乃至流血，但是你获得的成长必然也是令人欣喜的。你在升级打怪般的快感中不断体验满足、感知强大，就会深深地、不可救药地爱上这样的自己。

当你欣赏自己、爱上自己的那一刻，你的生活才算真正开始。

每个年轻人，尤其是女孩子，一定要认认真真地为自己的人生打地基，努力奋斗，放弃通过婚姻来改善或者逃离无望生活的想法，要去开拓人生疆土，提高对抗生活风险的能力。前期花时间建设想要的生活，后期才不会花大量时间去应付不想要的，否则的话，每一天都是煎熬。

3 | THREE

两性关系

创造价值，分享利益

> 人才是最重要的，择偶的时候多看看这个人的品格，看他是否真诚善良、勤奋稳重，不管从事什么职业都肯吃苦、能上进。跟这样的人在一起，你会感到踏实、快乐、被尊重。

男女意识偏差造成的择偶矛盾

我们都向往幸福的生活，希望遇到一个能互相扶持、和睦相处的伴侣。怎样解决通往这条路上的障碍是每个人都需要思考的问题。互相抱怨、互相攻击，把性别矛盾升级为越来越强烈的男女对立情绪，是不能解决任何问题的。

先来讨论一下男性需要从根本上转变的一个思维方式。

我希望所有男性意识到一个根本性的问题，也是很多男性不愿意面对的事实，那就是女人不再是男人的附属品，不再依附男人生活。女人可以跟男人一样创造社会价值，在很多领域都已经做出了比男性还大的贡献。放眼世界，越来越多的女性出任国家领导人，芬兰、挪威的首相，德国、新西兰的总理都是女性，"女人能顶半边天"不再是口号。然而一些男性还固守男尊女卑的传统思想，把女人当作附属品与生育机器，当成商品去占有与控制，并以自己的母亲，那个起早摸黑、任劳任怨、为了家庭奉献一切的女人为范本，要求当下的女性跟自己的母亲一样为家庭付出。

男性想通过婚姻来压榨女性的劳动力，找一个"免费保姆"，已经不现实了。如果你还在寻找一个给你洗衣做饭，全方位照顾你，还要给你生孩子的女人，那么，你就要做好打一辈子光棍的准备。即使找到这样的女人并且结婚，你们的婚姻也不会长久，因为你不会尊重她在家庭中付出的劳动，也不会积极地承担家务，负起养育孩子的责任。如果你提供不了情绪价值，让她感到爱、呵护与关怀，她的付出既得不到物质上的回报，也得不到情感上的抚慰，那她为什么要接受你的"压榨"，做免费的劳动力呢？

有的男性经济能力不行，又不愿承担家务，觉得那是女人做的活儿，同时在家中摆出一副高高在上的"奴隶主"模样。他们不知道，时代已经变了，他们母亲那个时候没有选择，而现在的女性是有选择的。发达国家的大多数男性，对于家务、育儿的参与度是很高的。如果你想经营好婚姻，就要从根源上转变思维，跟着时代一起成长，平等地对待女性，尊重她的家庭劳动价值，并且积极地参与，承担起家务和养育下一代的责任。没有这样的意识，就不要轻易结婚，否则结婚后做的每一件事都是往离婚的道路上去的，互相折腾半辈子，有什么意思呢？

下面来说说女性应该转变的思维模式。

首先，如果你还抱着依附男性生活的想法，不能创造社会价值的话，随着年龄的增加，你的生活会越来越被动。很多中年女性已经用自己半辈子的人生付出了代价，希望年轻姑娘们不要再重蹈覆辙，要为自己的人生奋斗。

其次，希望姑娘们明白，哪怕是在发达国家，也很少有

20多岁的年轻人独立买车买房。发达国家的平均买房年龄约为40岁，我跟Peter到今天也没买车买房。大多数女性在结婚时要房要车，是想通过房和车增加婚后生活的稳定性和安全感，想过得更加幸福快乐。那么，幸福快乐才是你真正想要追求的，而不是房和车。那些想要离婚的女性，有多少是为了房和车？大多都是跟丈夫实在过不下去了。

人才是最重要的，择偶的时候多看看这个人的品格，看他是否真诚善良、勤奋稳重，不管从事什么职业都肯吃苦、能上进。虽然他的一亩三分地还没有种出粮食，但肯踏踏实实地除草、翻土，跟这样的人在一起，你会感到踏实、快乐、被尊重。这样的男孩子虽然现在穷一点，但你是可以跟他一起创造生活的。现实生活中，哪有那么多现成的白马王子？！25岁的女孩子，月薪3500元，却要求同龄男性月薪万元，这是不合理的。逼男方去压榨父母，是不道德的，而且不是男方自己创造的价值，也没有意义，只能说你嫁了一个无能无耻的啃老族。生活还是要靠两个人去创造。

　　不管抱着什么目的结婚，是真爱还是搭伙过日子，只要决定结婚了，就要好好经营自己的婚姻。男方要有家庭责任感，女方不要总是抱怨，一山望着一山高，两个人都踏踏实实、同心协力地经营家庭，共同承担家庭事务，把日子过得红火起来。发生矛盾时，多站在对方的角度想问题，去沟通解决矛盾本身，而不是发泄自己的情绪。只要你们抱着过好生活的目的经营婚姻，日子不可能过不好。但是，如果一方长时间努力，而另一方根本无心经营，那就及时止损。人生苦短，别把时间浪费在冰冷的、消耗生命的事情上。

> 女孩子最应该做的，是一点一滴、心无旁骛地创造自己的生活，学会和自己相处，好好爱自己。当你内心丰盈的时候，就会发现身边有很多美好的人和事，也会遇到更优秀、更值得爱的人。

避免堕入危险的两性关系

近来发生了很多骇人听闻、令人痛心的极端恶性事件，比如：一男子当街伤害前女友；一个男人因不满女方要求退婚，当街对其施暴……更令人难过的是，很多男性抱着幸灾乐祸的心态，为恶劣行为辩护，宣扬"受害者有罪论"。这类针对女性的恶性伤害事件不能不引起高度重视。

我没办法抽丝剥茧地讨论这些现象背后的本质，只能在这里提醒各位女性，可以通过哪些方面观察异性，从源头避免陷入一段危险、极端的两性关系，尽可能地给自己最大的保护。

· 警惕精神贫困的异性 ·

如果你是基层女性，那么你的择偶范围很大程度上也会是基层男性，而且遭受到各种暴力伤害的概率，要远高于中上层婚恋市场的女性。大家如果留意一下恶性案件的发生地和犯罪分子的背景，可以发现，其中百分之八十以上都来自农村或者小城镇，大部分家暴也集中在农村受教育程度和收入低下的男性中。

与基层男性结婚需要承担的生活风险，其一便是物质贫困带来的生活不稳定，然而，更大的风险是物质贫困带来的受教育程度低下，再由受教育程度低下导致的精神贫困。而偏激、偏执等极端性人格，就是精神贫困最典型的特征。可悲的是，放眼周围，太多的人年纪轻轻就丧失了生活的勇气，被暂时的物质贫困踩在脚下，甚至扭曲心智，任由贫穷践踏自己的思想，由此激发出内心深处的恶。

一个人的身心被"恶"控制，再把"恶"随意发泄到身边的人身上，伤害那些更弱的人，这才是最可怕的。很多男性觉得婚恋市场中的女人过于物质主义，其实，大部分女人并不是怕你穷，而是怕穷带来的"恶"。这个"恶"会在婚姻中压榨、奴役、控制她，让她承受各种暴力行为的风险，甚至付出生命的代价。

我对女性，尤其是基层女性的第一个提醒就是：请不停地更新自己，积极自救，脱离基层。只有靠自己过上想要的生活，你才有更大的范围选择更优质的配偶。如果没能力脱离基层，请擦亮眼睛，远离精神贫困的男性，选择一个正直善良、积极健康，即使物质贫困但有自我更新能力的男性，去跟这样的男性踏踏实实地创造生活、共同成长。

· 警惕占有欲强的异性 ·

每次我在短视频平台上看到那种女性发的"男朋友不让我穿这个""老公不让我穿那个"，并且沾沾自喜、当作是爱的视频，都会为她们捏一把汗。占有欲代表的意义，一是男性对自己的不自信，二是物化女性，潜台词就是你是我

的，你只能给我看，你的言行举止、交朋友、穿衣服等，都
要对我负责，因为你是我的女朋友、我的老婆，这个"我"
要加重音。当一个人不再把你当作一个拥有独立人格的人去
尊重、对待，而把你当作自己的附属品与私人物品时，那么
作为所有者，他理所当然地认为对属于自己的物品是有处置
权的。我看过一个视频，一个男人在高速公路上打老婆，警
察来处理，他还在警察面前叫嚣："这是我老婆！我打我老
婆怎么了？！"他的逻辑就是：我的老婆等于我的东西，我
有处置她的权利。

　　所以，事情并不是短视频里放弃穿一件衣服这么简单。
控制欲和占有欲若不加制止，是会膨胀的，可能最终你需要
放弃的，是独立的人格、应得的尊重和对生活的掌控权。在
你无法忍受他的控制，想要离开的时候，恐怕就没有那么容
易了。在长期的占有欲下，他会霸道地认为："我的东西哪
有自己离开的？除非我不要。"大部分两性恶性案件，就是
女方想要逃离控制所造成的不测。

我给女性的第二个提醒就是：远离控制欲和占有欲强的异性。一个精神富足的男人会很自信，他会通过和强者博弈，创造社会价值，实现个人价值，以此来彰显自己的强大。他不需要通过控制一个女人，一个体力上比自己弱的人来满足自己的主导地位，满足所谓的男子气概，从而增加自己的信心。希望所有人都能明白，爱是给予、尊重、奉献，而不是索取、控制、占有。

· 警惕有暴力倾向的异性 ·

比如：在恋爱初期，他的追求行为异常猛烈，做一些很夸张的行为试图打动你；发生矛盾后，当街下跪，打自己耳光，或者彻夜站在你家门口淋雨……类似的行为都需要警惕，这些行为的背后，一是心智不成熟，二是低自尊。心智不成熟下的低自尊就像一把装在刀鞘里的利刃，不知何时会被抽出，拔刀相向。

至于暴力倾向，在相处中也是可以发现的。肢体暴力之前，通常都会有语言暴力或者冷暴力，有些人会摔东西、自残，或者威胁、嘲讽、贬低你，等等。千万不要自欺欺人，觉得自己可以感化、改变对方。人的本质是不会变的。肢体暴力有第一次，就会有无数次，不要拿自己的人生甚至生命去赌博，一旦发现暴力倾向，要马上分手，及时止损。

学会及时止损是女人一生当中最重要的课题。不要害怕离开，毕竟放弃自己的人生，选择两败俱伤的人是少数，对于恐吓你、纠缠不休的人，可以报警。如果真的遇到那种性格极端的人，那就从现在的生活中消失，切断跟原来生活中所有人的联系，换个手机号，换座城市，重新开始生活吧！

·警惕没有什么可失去的人·

一个人如果没有稳定的工作，也没什么兴趣爱好，没有正常的社交圈，没有自己的生活，他的社会属性会比较弱，那么社会规则就很难约束他。如果你出现在他的世界里，他往往会把你当成救命稻草一样紧紧抓住。如果除了你之外，他没有任何其他值得珍惜的东西，那你就要提高警惕了，失去你就意味着失去一切，他是不会轻易放手的。生活里选择很少，再加上精神贫乏，一旦唯一拥有的东西没了，就很容易走极端。

所以，请选择与热爱生活、创造生活的人相处，一个精神上有追求的人，是不会因为一个人离开而去伤害对方的。

· 警惕虐待小动物的人 ·

这样的人对生命毫不敬畏，缺乏同理心和共情能力。很多暴力犯罪者在小时候都有虐待动物的前科。

另外还有两点，想要提醒女孩子们。

第一，不要贪小便宜。很多基层出身的人，在成长过程中，根本没有接触过约会文化。有些男性，媒人介绍了一个女孩给他，女孩答应一起吃个饭，他就在内心认定对方答应做自

己女朋友了。两人对亲密关系认知上的差距很容易造成误会，带来矛盾。在约会阶段，女性不要去占男性的便宜，尤其是基层男性，因为他们本身拥有的不多，所以会十分在意自己的付出。女性要主动承担一部分花费，如果觉得对方不合适，在尊重对方的基础上，及时沟通，切记不要贪小失大。

第二，宁缺毋滥，对自己负责。很多不健康的两性关系都是因为无聊、空虚，需要一个人来填补内心的空洞。还有的是被社会、生活和父母的压力推着，被动进入婚姻关系。但是，当你还没有精神脱贫，人生处于低谷的时候，不要为了恋爱而恋爱。这个时候，更多的是男女之间的性吸引，是怕孤单而寻找的肉体的陪伴。这个时候，你最应该做的，是一点一滴、心无旁骛地创造自己的生活，学会和自己相处，好好爱自己。当你内心丰盈的时候，就会发现身边有很多美好的人和事，也会遇到更优秀、更值得爱的人。

穷不是罪，穷带来的恶才是罪。如果你理解不了这个区别，戴着有色眼镜看农村人和穷人，一刀切地排斥他们，这就是你自身的狭隘了。一个人只要品格优良，加上后天的自我教育，就会不停地成长蜕变，就跟我这个农村人一样。

> 恋爱的目的从来都是付出爱、获得爱，感受亲密关系带来的快乐，而不应该是结婚。结婚只是恋爱自然而然的结果，那些给你灌输"不以结婚为目的的恋爱都是耍流氓"的人才是真正的"流氓"。

年轻人要多谈恋爱

当下的年轻人，我建议你们趁着年轻，要多谈恋爱，多约会，多去了解男性和女性。在这个过程中，最重要的一点是，不管你在什么阶段，坦诚地对待自己和对方。

一个20多岁的小伙子向我求助，说他同时喜欢上了两个女孩子，都是真的喜欢，不知道该怎么办。我给他的回复是，首先喜欢上谁是你无法控制的，同时喜欢上两个人甚至更多的人也难免，但是你必须要给对方选择，告诉对方事实。当然，绝大多数女孩肯定会骂你"渣男"，选择离开，这是她的选择，你给了她选择，这才是正确的做法。在我看来，如果我的约会对象跟我坦白，我可能一样会很生气，选择离开，但同时我也会尊重他，因为他是诚实的，没有选择隐瞒和欺骗。当下许多人都会选择屈服于欲望，屈服于人性中的弱点而选择欺骗，在我看来，真诚地面对自己的欲望不是渣，不可耻，为了自己的欲望，选择隐瞒、欺骗和背叛，才是真正的渣，是可耻的。

希望年轻人甩开思想上的包袱和精神上的束缚，真诚、热烈地恋爱，去体验人世间美好纯粹的情感。如果你根本没有准备好去展开一段认真的恋爱，或者只想得到身体上的陪伴，也没有关系，只要你真诚地向对方表达内心的想法。如果对方和你的理念不同，说明他不是适合的人，你们在一起也不会快乐。永远不要为了得到而去欺骗，不要为了性而打着爱的旗号。

不少人凡事追求"结果论"，很多女孩子20出头，谈个恋爱就要对方做出种种承诺，要一个结果，要跟他结婚生

子，而男孩子为了得到性，便欺骗、撒谎，说一些毫无价值和意义的承诺。大部分婚恋悲剧，就是因为从源头上双方都不是真实的自己。很多女性哭诉结婚生子后老公判若两人，事实上，他不是结婚之后才改变的，从源头上就是那样的人，之前只是为了配合你的需要，做出你希望看到的样子，一切只不过是一场"忍辱负重"的表演而已。

中国女性通常有强烈的性羞耻感，性平等意识差，与男性发生性关系后，会产生"吃亏"的想法，容易产生精神上的投靠、身体归属感等弱者心理，这些都是千百年来男权社会对女性的道德驯化、耻感熏陶，从源头上来讲都是为了控制。

真正健康、可持续的爱，是两个拥有独立人格的人的精神世界所碰撞产生的火花，而人格独立的首要前提，就是意识到我们都是自己身体的主人。永远不要发生自己身心还没有准备好的性，永远不要发生对方不愿意做保护措施的性，而在不伤害第三方、完全自愿、身心已准备好、做好保护措施的前提下发生的性，不需要有任何道德负担，让性回归它的本质，也就是快乐。"食色，性也。"性是排在吃饭喝水后面的平常事，是生理需求之一，它和爱是两码事。若一味地把性和爱混淆在一起，只会有越来越多人为了得到性而去撒谎、去欺骗。

只有认识到性不应该带着任何目的和功利心态，只是正常的生理需求，只有真实地面对欲望、表达欲望，只有社会对真实的人越来越包容，才会减少当下由于隐藏各种欲望而伪装、欺骗所造成的婚恋悲剧。

恋爱的目的从来都是付出爱、获得爱，感受亲密关系带来的快乐，而不应该是结婚。结婚只是恋爱自然而然的结果，那些给你灌输"不以结婚为目的的恋爱都是耍流氓"的人才是真正的"流氓"。他们的终极目的就是从源头控制约会成本，每一项付出都需要阶段性的回报，而所有时间、精力、金钱上的付出都是为了结婚这个结果。如果得不到结婚这个结果，这部分人是不会付出约会成本的。这就是为什么有些人和女朋友分手后，连一顿饭钱、一杯奶茶钱都要向女

方要回来。

婚姻制度的产生是为了保护财产、保护私有制，婚姻是一种经济行为。只有夫妻双方可以共同承担生活风险，创造价值，保障各自利益最大化，婚姻对你才有价值。很多女孩觉得结婚只要有喜欢和爱就可以了，一些善于精神控制的男性也总是用爱进行道德绑架，给女方"画大饼"。吃下这个大饼的女性大多付出了沉重的代价。谈恋爱是美好的，但是如果你生存能力低下，不能创造价值，真的不要轻易走进婚姻，因为你在婚姻里是弱势群体，只能被动接受，所有的尊严来自强者的施舍。要记住，爱情经不住现实打磨，爱是会消失的，只有彼此都有能力在婚姻里给对方想要的东西和利益，婚姻关系才会长久，这就是婚姻的真相。

年轻时多专注于自己的成长，全方位地开发自己，真诚坦率地做自己，尽情地付出和爱。多一些感情经历之后，你会逐渐知道自己想要什么样的人，适合什么样的人，不会因为无知而稀里糊涂地走进婚姻，再满身伤痕地结束一场闹剧。

再多的彩礼都不是结婚的理由。基层婚恋市场具有强大的不可抗力，风险很高，而基层女性的人生纠错能力很低，所以，不要轻易地因为彩礼而走入婚姻。

彩礼对女性的意义

如果把中国的婚恋市场分为上层、中层和基层三层，那么彩礼最集中、最普遍存在的地方就是基层，上层和中层即使有彩礼，性质也和基层彩礼有很大的区别。上层和中层的彩礼，大多是走一个形式，双方父母会以彩礼、陪嫁的方式来帮助新人组建小家庭。而所谓的"卖女儿式"的彩礼形式，基本上只存在于基层婚恋市场。

为什么基层男性会被要彩礼，而中层，尤其是上层男性反而不会被要彩礼呢？因为中上层婚恋市场里的男性所创造

的社会价值和个人价值能抵消彩礼本身，他们大多受过高等教育，有一份收入相对稳定的工作，还有兴趣爱好、人格魅力等方面的优势。这类男性社会属性高、社会黏性大，跟这样的男性结婚并养育下一代，是相对安全的。而基层男性大多教育程度不高、社会化程度不够，对抗生活风险的能力较低，能创造的社会价值也有限，所以跟基层男性结婚，是一件风险系数高、相对没有保障的事。向基层男性要彩礼，其实是女性降低自己在基层婚姻里所需承担风险的一种手段。

当下我们的生育和养育成本主要由个人的小家庭承担，基层婚恋市场的女性，大多数自身教育程度不高，也创造不了很大的社会价值，所以家庭里的生育、养育成本主要由男方承担。而基层男性独立承担起家庭重任，支付一个因怀孕、生产、育儿而无法经济独立的母亲以及幼儿的生活成本是非常困难的。一旦男方拒绝承担，或者不负责任地逃避，那母亲和孩子就毫无退路，也毫无保障。大多数发达国家的生育、养育成本是由政府和社会来承担一部分的，目前我国的社会保障制度仍在发展中，所以生育、养育的成本与风险大概率要落到一个本身就处于社会底层的女性身上，她事先为自己争取一些保障，也是趋利避害的本能。基层婚姻的彩礼，本质上就是生育风险基金，所以，除非基层男性及其父母不向女方施加压力，不要求她生孩子，否则男性是完全没有理由反对彩礼的。

很多基层男性整天拿生孩子来嘲笑女性，但是有几个男性愿意娶一个没有生育能力的女人？如果要求女方生孩子，那就要为她的生育成本买单。暂且不说生育带来的巨大生理创伤，如果女性不生孩子，就不会因为怀孕、哺乳而产生误工费。把这个时间用来工作，哪怕是去工厂打工，一个月工资三五千元，养活自己肯定没问题。如果男性不能为伴侣由于生养、哺育孩子而只能参与家庭劳动的价值买单，也不能提供情绪价值，让她为爱付出，心甘情愿地牺牲，这样的婚姻是不可能长久的。父母对孩子的爱都可能是有条件、期待回报的，你却要求伴侣无条件为你牺牲、付出，这样的心态不但可笑，而且极其自私。

男性想结婚，肯定是因为婚姻对他有利，拼命地抨击彩

礼，也是希望以最小的成本达到结婚的目的。而基层婚恋市场的女性要彩礼，也是在趋利避害，在做对自己有利的事。所以，那些反对彩礼的男性，你们有什么立场整天谩骂、声讨跟你有同样动机的女性呢?

在我看来，基层女性结婚要彩礼有其客观性，尤其是那种通过相亲，没有经过长时间相处了解的婚姻。我也建议基层女孩，收到的彩礼不要给父母，而是牢牢地掌握在自己手中，婚后无论丈夫花言巧语或威逼利诱，都不要拿出来，当然，有良知的男人也不会这么做。结婚后就踏踏实实跟丈夫一起各司其职，经营好生活。如果丈夫善良勤劳，即使赚不到什么大钱，但是心疼伴侣和孩子，为家庭力所能及地付出，那么这笔彩礼就可以留着作为孩子的教育基金，夫妻互相扶持，好好地经营小家庭。但是，如果这个男人对家庭不负责任，品行差、有恶习，那么这笔彩礼可当作你重启人生的一个保障。

要特别强调一点，再多的彩礼都不是结婚的理由。基层婚恋市场具有强大的不可抗力，风险很高，而基层女性的人生纠错能力很低，所以，不要轻易地因为彩礼而走入婚姻。一个基层的贫困女性，如果把自己放在人生的终点去回望这一生，就会发现，如果这辈子有勇气不结婚，也许会过得远比在传统婚姻里生儿育女要轻松，生活品质要高很多，寿命也会长很多。然而，很多基层女性的可悲之处就在于，因为生存能力低下，她们是婚姻市场里最渴望结婚的一群人，渴望婚姻带来的所谓归属感、安全感，渴望通过婚姻改变自己的命运。

另外，我也想对基层男性说：不想付彩礼没问题，那就看看受女性欢迎的男性都有哪些优点，然后把自己提升到中层和上层婚恋市场里。如果你受到了良好的教育，具有强烈的上进心，能力强、工作好，或者善良风趣、长得帅，具有个人魅力等，你也一样可以遇到不需要彩礼的女人。即使是基层出身的穷男孩，在生活的泥坑里挣扎，但只要精神不贫困，不去坑蒙拐骗，没有扭曲的价值观和一身戾气，真诚善良、踏实勤劳，一样可以得到女性的青睐。短视频平台上有很多跟穷老公一起

种菜种田，或者在工地上打工的幸福妻子。如果你没有什么优点，不上进，又想娶老婆，那就只能付彩礼了。

> 孕育一个生命并陪伴他成长，是一种无可比拟的神奇体验，我只是希望女性了解生孩子意味着什么，要做出什么样的改变与牺牲，她才有可能成为一个合格的母亲，她的孩子才不会成为生活的牺牲品。

生育的价值

对于舞蹈艺术家杨丽萍，大家都不陌生，她把自己的一生都奉献给了艺术，年过六十，仍未婚未育。她在短视频平台上发布了一个生活视频，被一位网友评论说："一个女人最大的失败是没有一个儿女。"如此评论引发了网友们的热议，还因此上了微博热搜。这样的事情已经不是第一次了，只要有"杨丽萍"这个名字的地方，就伴随着"无儿无女、晚景凄凉"的警告与嘲讽。

就像一个人整天拿着一根棒棒糖，语重心长地跟别人

说："哎呀，你没有棒棒糖，人生真是失败啊。"却想不到人家家里的零食堆了一仓库，而且全是进口的，关键是人家根本不想吃零食，早就改吃有机食品了。那为什么有些人对棒棒糖这么执着，整天有意无意地拿出来在别人面前炫耀呢？只能认为这根棒棒糖是她唯一拥有的零食，是她这一生唯一可以创造的价值，只有不断说服自己、说服别人，承认这根棒棒糖至高无上的独特性，她才能产生一种别人没有而自己拥有的满足感。

古今中外几千年的历史长河里，女人在相当长一段时间内等同于生育工具。如今仍有一些国家，禁止女人开车，甚至只有在男性亲属的陪同下，女人才可以出门。这样做的出发点就是控制女人，而控制女人的主要目的之一，就是为了生育，确保自己的基因得到繁衍。

生育是非常消耗母体生命的，无论是生理上还是心理上，都是巨大的损耗，而且它带来的很多生理创伤是不可逆的。这就是为什么父权社会对母亲这个角色进行铺天盖地的讴歌赞美，因为不给"母亲"设定一个崇高的价值和意义，女性是不会去做这件事的。人类天性中有利己、自私的基因，要求一个人牺牲自己的生命去成全另外一个生命，必须是要依靠外界的力量的。这些力量，一是从思想上麻痹，不停地向女性灌输"你是女人，女人就要生孩子，不生孩子的女人是失败的，就是不下蛋的鸡"等观念；二是利用男性作为规则制定方，制定一些不公平的规则来对女性进行实际控制，其中最显著的方式就是不让女性接受教育。

女性普遍接受教育是近百年才有的事。从接受教育开始，女人才逐渐摆脱生育工具的角色，实现生育以外的价值。当一个女性接受了教育，实现经济独立，不再依附男性的时候，生育就是人生的选择而不是必须的了。

在当今女性已经在社会各个领域取得了卓越成就，为社会做出巨大贡献的今天，仍有一部分男性，甚至是女性本身，抱持着传统的观念，固执地给女性套上生育的枷锁，以生育价值为荣，轻视女性在其他专业领域取得的成就、创造

的社会价值，这是何等的无知！

我这么说，并不是不支持女性生孩子，孕育一个生命并陪伴他成长，是一种无可比拟的神奇体验，我只是希望女性了解生孩子意味着什么，要做出什么样的改变与牺牲，她才有可能成为一个合格的母亲，她的孩子才不会成为生活的牺牲品。

希望男性能真正意识到生育对你的妻子意味着什么，她承受了松弛、脱发、侧切、漏尿、痔疮、乳腺炎、腹直肌分离等巨大的肉体上的痛苦，同时还要承受自我认同低下、产后抑郁等精神上的创伤。从某种意义上来说，如果你真的爱这个女人，你就不会舍得让她吃这么多苦、受这么大罪。所以，请发自内心地尊重她的生育价值，不要把一切当成理所当然，积极努力地承担养育下一代的责任，做一个好丈夫、好父亲，这样你的爱人为生育做出的牺牲才有意义和价值，你也会收获一个温暖、快乐的伴侣和一个积极、健康的孩子母亲。

在你年轻的时候，身边总是充满诱惑，如果不能保持清醒，你会付出一个又一个沉重的代价。越早放弃通过男性和婚姻来获利，就能越早获得自由。

为社会打工换取利益保障

相信很多人都看到过一篇新闻：一个1994年出生、身高170厘米的女孩认识了一个大她11岁、身高165厘米的离异男性，后者名下有多家公司。两人相识后，男方对女方展开追求，女方先是拒绝，后来被男方的追求和照顾感动，接受了男方的求爱。在两年恋爱期间，男方在女方身上花了86万元，包括红包、礼物、房租、生活费等。两年后两人感情不和，决定分手，男方一纸诉状把女方告上法庭，说这86万元是彩礼，要求女方偿还。法院一审、二审都支持了男方的诉求。

女方在短视频平台上说要上诉，说实话我想劝她就此作罢，打赢官司的可能性真的很小，因为归根结底，法律是理性、客观的，它可以保护财产，而所谓的青春、贞洁，以及情感的付出，这些无法量化的东西，是不受法律保护的。

我还收到了十几个类似案件的求助，其中一个江西农村姑娘的求助让我唏嘘不已。20岁出头来上海打工，遇到一个大她十几岁的男人，说是单身，跟她谈起恋爱来。男人给她租了房，隔三岔五给她买礼物，打点钱。在一起3年，姑娘怀孕两次，都做了人工流产。现在男方起诉让她还钱，甚至房租和坐小月子的营养费都要要回去，说孩子不是他的。并且让自己的老婆一起参与诉讼，要求她返还夫妻共同财产，这个姑娘这时候才知道男方已经结婚。她跟我哭诉这件事，我很心疼她，却无能为力。一个20来岁的农村姑娘，没怎么读过书，在上海无依无靠，连诉讼费都付不起，除了忍气吞声被践踏以外，还能做什么抗争呢？

这些案件也给所有女性敲响了警钟，足够让大家认清现实，去踏踏实实地赚取属于自己的财产，给社会打工，换取保障和利益，因为法律保护的是财产。在你年轻的时候，身边总是充满诱惑，如果不能保持清醒，你会付出一个又一个沉重的代价。越早放弃通过男性和婚姻来获利，就能越早获得自由。

靠自己是很累的。学习很累，工作很累，原始积累更加孤独无助。在当下的社会结构下，一些就业不平等、男女同工不同酬的现象依然存在。在这样的社会背景下，女性去跟男性抢饭吃，更是一件艰难的事情。但是，权利是争取来的，不是靠施舍来的，你只有跟男性一样去奋斗，才能获得真正属于自己的财产。想要的东西要靠自己去挣，不要以为自己有退路，以为退到男性身后，退到家庭、婚姻里，你就安全了。若无法独立，你很可能会发现，你人生中最大的风暴就是婚姻带来的。为自己的人生打地基，是唯一一条靠谱的、最终让你获得尊严和自由的路，而不是结婚生子、为家庭打工。

这也是为什么我建议女性不要做所谓的"全职太太"。"全职太太"中的"职"是职业的意思，只要是职业，都有五险一金和其他保障，所以当下社会中，并没有"全职太太"这个职业，只有"家庭主妇"，没有工资和五险一金等任何保障。而且家庭主妇在家庭内付出的劳动、产生的价值，往往被看作理所当然，不受法律保护，也不被社会承认。选择做家庭主妇，跟上面提到的两个女孩性质是一样的，都是在赌博，只不过你是在一个合法的框架内。如果你赌对了，拥有一个有良知、负责任的伴侣，那么这是你的幸运；如果你运气不好，就会跟当下基层大量当了多年家庭主妇后被扫地出门的女人一样，有的只是孩子和心力交瘁外加一身疾病，一切都要从头开始。你确定要去赌吗？

去锻炼自己的生存能力，如果没有就去学，主动吃学习的苦。如果你懒惰，依赖别人，把自己当弱者，只想向别人索取，那么生活会在将来的某一天让你看清它的真相，而那时的痛苦才是真正的痛苦。

　　最后，希望我们的社会保障制度越来越完善，有社会责任感的企业能多考虑给基层的单亲妈妈、贫困女性创造一些工作岗位；希望社会能大力支持基层女性接受教育，平等地给予工作机会、上升机会，让男性、女性公平地竞争，早日实现同工同酬。只有在一个男女相对平等的社会环境里，两性关系才会进入良性循环，不再有那么多索取、压榨，发生那么多悲剧，也才会有更多的真爱去滋养我们，让我们不会像现在这样活得心力交瘁，终其一生都不知道幸福为何物。

> 不要再寻找别人，低头踏踏实实地种好自己的一亩三分地，不停地学习、探索种田技术，提高产量，享受田里泥土的芳香、清晨的阳光和露水，一个人也照样能种出一片繁花似锦。

婚姻的本质是共同创造利益价值

假设大家都在种田，有一天你爱上了隔壁田的小哥哥。爱上一个人是不需要理由的，也许他用力挥动锄头的那一瞬间，你爱上了他，也许你低头擦汗的那一瞬间，他爱上了你。总之，你们相爱了，决定从爱情走向婚姻，将两块田合并为一块，一起耕种。这个时候，你们之间的关系能否和谐长久，不完全取决于爱情，还取决于你们能不能在合作的田里种出东西来，收获比一个人劳作更多的稻子，创造更大的价值。这个价值应该是一加一大于二；如果等于二，表示你们没有从婚姻里获利；如果小于二，表明你们双方处于受损状态，长期受损的话，有一方很大可能会选择离开，及时止损。婚姻的核心从来都不是爱，而是合作共赢。就像两个人合伙开公司，公司亏损严重，怎么经营得下去呢？

爱情在婚姻里是驱动力，是汽车里的油，是马儿吃的草，它能给一起种田的双方强大的信心。没有爱情的婚姻，就跟没有油的车、吃不饱的马一样，是跑不远的。但是，如果你们辛苦开垦田地，一直种不出东西来，无法共同创造价值、收获利益，爱情就很容易被消磨掉；反过来，能一起种出粮食、享受丰收并共同分享的夫妻，生活和精神上的纽带会越来越强，感情也会越来越好。

大家找恋爱和结婚对象的时候，归根结底，还是要去看对方的条件，这个条件是对方种田的技能和态度。如果他的田里暂时还没有收获，但是他踏踏实实地除草、犁田，不断学习和提升技能，你跟他在一起时，是对未来充满信心的，那么他就是与你一起种田、创造生活的最佳人选。

　　无论男女，你想要优秀的、会种田的搭档，首先要提高自己的种田技能，自己先成为一个优秀的人。谁不想在婚姻的田地里有更多、更好的收获呢？

　　"门当户对"在当下也应该有一个新的理解：并不是说两个人的家境匹配、学历相当，而应该是两个人有同等的种田技能、一致的种田思路，两个人都拥有在婚姻这块田里创造价值的能力。

　　切记不要凑合，凑合的婚姻，大多在泥巴田里挣扎。田，并不是一定要与别人合种，人从生下来开始，本就是一个人种田的。很多人寻寻觅觅一辈子，整天在外面找人种，把自己的田都荒了。所以，不要再寻找别人，低头踏踏实实地种好自己的一亩三分地，不停地学习、探索种田技术，提高产量，享受田里泥土的芳香、清晨的阳光和露水，一个人也照样能种出一片繁花似锦。

　　如果幸运地遇到了可以一起种田的人，一定要珍惜，不要躺在田埂上抽烟喝酒玩游戏，看着他种，自己偷懒。两个人要同心协力，积极地为婚姻做贡献。收成不好时，互相理解鼓励，给彼此一些成长的时间。耕田时，不要忘记给对方擦个汗，说句"辛苦了"，表达爱和感谢。这样做，婚姻怎么会不好呢？

> 婚姻和生育不是因果关系，不是因为结婚了，所以要生孩子，而是因为结婚了，并且婚姻很幸福，所以有一天双方决定把一个小生命带到自己的生活中。

恋爱、婚姻、生育是三件不同的事

不知道从什么时候开始，很多人把恋爱、结婚、生育当成"洗剪吹一条龙"来对待。

恋爱、结婚、生育，是三件完全不同的事。并不是你跟这个人恋爱，就一定要跟这个人结婚；跟这个人结婚，就必须跟这个人生孩子。这三件事，你可以当作一件事来做，也完全可以当作三件事来做。你可以选择不婚不育，只谈恋爱，也可以选择恋爱结婚，但不生孩子，就跟我一样。不想恋爱、结婚，只想生孩子，也是可以的。完全不想恋爱、结婚、生育，更加没有问题。这里面的每一种选择都代表一种生活方式，你完全可以选择自己想要的生活方式。

把这三件事当成一件事，其实是大众的惯性思维。当大家都这么想，如果你不想被同化，就会产生心理上的劣势。现在很多只谈恋爱不想结婚的女孩，会觉得这样是在耽误对方；结婚后不想生孩子，就会产生道德上的亏欠感。

这三件事被当作一件事，类似于捆绑销售，销售者不希望你去思考每件事的独立性，因为你一旦思考就会谨慎，如果每一步都十分谨慎，就很难走到最后那一步。

恋爱、婚姻、生育应该是怎么一回事？

恋爱应该是你生活里的幸福时刻，它能够帮助你提升建立亲密关系的能力，让你享受心动、甜蜜、快乐、陪伴的时光。恋爱的目的应该是体验美好的恋爱时光，获得美好的人生体验，而不是结婚。把结婚当作恋爱目的的人，是"看人下菜碟"的，这个"菜"就是约会成本，只有预先看到收

获，才会投入成本，这不是恋爱，而是交易。那些急着结婚、急着让你生孩子的人，基本上都是想要降低成本，快速完成交易，收获婚姻和孩子这一交易成果而已。

结婚，是两个人不想结束美好的恋爱关系，想共同体验接下来的人生，并决定用一个仪式"昭告天下"。恋爱是只跟关系双方有关的单纯的"美好活动"，但婚姻是一种社会制度。从享受娱乐活动到走进一种社会制度，如果你还沉浸在体验美好恋爱时光里，没有觉察到其中性质的转变，那就是无知了。婚姻要面对的，是复杂的社会关系与经济关系，以及法律上的责任和义务。

婚姻制度起源于私有制，是父系社会的产物。在婚姻制度中，女性是天然弱势方。作为弱势的一方，在签婚姻"合同"之前，需要了解一下合同内容，问问自己，能得到什么利益和好处，能有什么保障。如果没有利益和好处，又毫无保障，你为什么要去做这件事呢？如果只要爱，那谈恋爱就足够了。

生育从来不是婚姻的附加条件，一旦结婚就默认要生孩子的观点是时候丢弃了。

生育应该是双方在拥有一段非常棒的恋爱和婚姻关系后，在美好的婚姻生活中自然而然做出的决定。婚姻和生育不是因果关系，不是因为结婚了，所以要生孩子，而是因为结婚了，并且婚姻很幸福，所以有一天双方决定把一个小生命带到自己的生活中。如果女方觉得当下的婚姻状况不适合生孩子，那么她有权不生孩子，生育决定权是我国宪法赋予女性的权利之一。

在我们所处的社会环境里，生育被当作婚姻理所当然的附带条件由来已久。所以，在婚前，双方最好就生育问题达成共识，如果大家对未来的期许不一样，那就好聚好散。

另外，女性在生育前，要了解生育的生理成本和养育成本，作为拥有生育决定权的一方，绝对的权利也就意味着绝对的责任。把一个生命带到这个世界上，你是需要承担主要责任的，如果你不负责任，就是对另外一个无辜的生命不负

责。生育决定权也是女性一生中为数不多的独有权利之一，所以请务必慎重使用它。

正如我一直呼吁的，女性要努力实现经济和精神双独立，只有成为一个独立的人，你的婚姻才不会被要求以生育作为附加条件，你才能自由地选择想要的生活方式，将命运掌握在自己手中。

> 要选择精神富裕的男性，对自己的人生负责，踏实上进，尊重你的独立人格。这样的男人值得跟他一起奋斗，他不一定要有房有车，两个人一起打拼出来的公司更有利于你们的成长。

为家庭打工没有出路

如果把结婚比作开公司，男女双方便是这家"公司"的合伙人。在当下基层传统婚姻中，大多数还是男方准备彩礼和基本的物质条件，比如车子、房子，女方嫁过去。现在除了少数极度贫困的家庭会扣下女儿的彩礼，留下给儿子结婚用，多数家庭会把彩礼和嫁妆给女儿一起带走。从双方领结婚证开始，这家"公司"就算成立了。男方支付的结婚成本中，房子和车子是"公司"的固定资产，通常为男方所有。婚后，男方在外面跑业务，赚钱养活自己的小"公司"，女

方也开始为这家"公司"工作，有些女性同样在外面做些小业务赚钱，有些女性就在"公司"里做一些打扫卫生、洗衣做饭等后勤工作。

在家庭这个"公司"中，女方所从事的后勤工作属于劳务，是没有工资的。有的男方会给女方一定的生活费，但生活费通常包含一家人的开销，并不是给她个人的。只有在满足生活消费之上给她的钱，才是属于她个人的，也就是所谓的工资。也就是说，女方在这家小"公司"里，干的活都是免费的。假如有一家公司要求你去上班，包吃包住但是没有工资，你会愿意吗？

有人可能会说，这是两个人的家庭，双方都要付出。这句话完全正确，但是，很少有女性轻视或者不承认男方在外面赚钱养家所创造的价值，然而有多少男性，尤其是基层男性，把女人在家里洗衣、做饭、带孩子所创造的劳务价值当作价值呢？男性通常的想法是："我赚的钱多，我的价值比你大，做家务、养孩子就应该是你承担的，你就得老老实实、任劳任怨。"如果男方真的赚很多，一个月给女方一两万元生活费，也就不说什么了。但真实情况往往是，有的男性哪怕收入不高，也抱着这样的想法，对女性在家庭中的劳务价值丝毫不尊重，视为理所当然，既不承担家务，也没有提供相应的情绪价值来回报对方的牺牲。

现在很多女性选择离婚，很大一部分原因就是不堪忍受被视作理所当然应由她们处理的一切家庭琐事。家务，一份没有工资并且不被尊重的工作，谁愿意做一辈子呢？在社会福利制度成熟的国家，家庭主妇是一份工作。家庭是社会的最小单位，在这个单位中进行的劳动都是在为社会做贡献。当社会给生儿育女的母亲足够的保障，首先就给了她们尊严，让她和孩子不需要依靠男人就能活下去，即使婚姻不幸，也不需要带着孩子在婚姻的泥潭里挣扎。一个女人在家庭这家"公司"免费工作多年，养育一个甚至更多孩子，她的时间、精力都花在"公司"和投资的项目上，跟社会长久脱节，也失去了社会竞争力。倘若有一天男方不负责任，要把"公司"关闭，或者把女方"扫地出门"，女方该何去何从呢？

　　这是当下很多基层女性面临的婚姻困境，她们在婚姻内提供的劳务价值、生育价值没有任何保障，生活完全被动。一旦"公司"关闭，当初结婚时男方支付的结婚成本，比如房子、车子，还在男方名下，而女方被透支消耗了几年，除了孩子一无所有。而且孩子通常也会被判给男方，因为女方没有工作和固定收入，难以健康地养育孩子。另外，基层婚姻里的女人想要离婚也非常困难，因为这与千百年来的传统观念和当下的社会稳定需求背道而驰。

　　每个女性，尤其是基层女性，因为生存能力低下，进入婚姻后，如果有一点偏离路线，人生就会很被动，甚至完全失去控制，所以一定要谨慎选择那个你要与之步入婚姻的人。

　　很多基层男性并不是发自内心地想开"公司"，而是在父母和社会压力下被动选择，其中一些人甚至根本不具备经营"公司"的能力，在外力逼迫下，勉强成立"公司"，目的就是完成人生最大的项目——生孩子。开"公司"的两个人多是相亲认识，没有什么感情基础，生完孩子，开"公司"的任务就完成了，男方对经营"公司"的热情就会冷却下来，消极对待，不养家，不参与育儿，过着跟单身一样的生活。很多女性只能一边工作，一边丧偶式育儿。

所以，女性一定要谨慎地筛选"公司合伙人"，警惕打着爱的旗号把你骗进"公司"免费干活的人。去选择精神相对富裕的男性，如果他对自己的人生负责，踏实上进，尊重你的独立人格，这样的男人就是值得跟他一起奋斗的，他不一定要有房有车，因为两个人一起打拼出来的公司更有利于你们的成长，就像我跟我老公Peter一样。

在古代，女人是无法与男人一样享受同等教育的，其目的就是确保女性从源头上无法参加社会劳动，无法经济独立，只能依附家庭、依附男性。在现代社会，很多有独立生存能力的女性，除非有一个特别值得的人，否则不会轻易进入婚姻，这也是为什么一线城市有很多经济独立的大龄单身女青年，而越是偏僻穷困的地方，越是受教育程度低的

女性就越早结婚生子，因为她们必须依附于男性才能生活。这部分女性也是当下不幸婚姻的主力军，她们的不幸看似是婚姻造成的，其实婚姻只是在其不幸人生的雪上加了一层霜而已。当一个女人无法自立，在经济和精神上渴望依附他人时，她的不幸就已经命中注定了。

生活永远只会善待那些手上有选择的人。假如一个公司招人，包吃包住但是没有工资，有能力、有选择的人可以转身就走，但没有能力、没有选择的人，只给他一碗饭吃，他也会答应。所以，无论男女，在你有更多选择的时候再去选择婚姻吧，不然对谁都是一条不归路，只是女性人生的纠错率更低，沉没成本更高，付出的代价更大而已。

> 探索精神独立的过程一定会充满怀疑，迷茫无助，但在探索的过程中，更容易看清别人的本质，分辨一个人的精神世界贫瘠还是丰富，因而遇到对的人的概率更高。

远离精神贫瘠的男性

相信大家都关注了这条新闻：四川省金川县的姑娘拉姆通过视频分享自己上山采药、做饭吃饭的生活日常，当她正在家中直播时，被前夫泼汽油焚烧，全身90%的皮肤被烧伤。在经过16天痛苦的治疗后，不幸去世。下面我想回顾一下拉姆这短暂不幸的一生，梳理她的经历希望能够给没受过太多教育、出身农村的基层女孩一些启发和警示。

从新闻报道中我们得知，拉姆前夫唐某初中毕业，靠父母开茶坊生活，好吃懒做，没有工作。两人从十七八岁就开

始谈恋爱，没多久就结婚了。这些背景都符合我之前说过的"恶性案件大多来自基层，犯罪分子大多是基层男性"。受教育程度低下，不参与劳动、无法创造社会价值的人，自我认同感就会很低，而低认同感必将带来低自尊。女性精神贫瘠下的低自尊，大多表现为利用身体换取利益；男性精神贫瘠下的低自尊，则使其很容易走上犯罪道路，成为一个没有思想的"人形武器"，具有强大的破坏力，首当其冲受到伤害的就是他身边最亲近的人。

给基层女性的第一点提醒就是：远离好吃懒做、游手好闲、没有工作、不积极参与劳动的男性，不要怀疑，这种人百分之百是"毒气"。

基层女孩必须明白一件事：如果你出身农村，受教育程度不高，加上年幼无知，你成长的过程，就像在火坑的边缘行走。有些幸运的女性在这个过程中，磕磕绊绊地成长起来，知道自己想要什么，不想要什么。但是，更多的女性在社会环境或者父母的压力下，因为自己创造不了很大的社会价值，所以十分看重生育价值。很多女性普遍存在年龄焦虑，其本质就是对自己生育价值以外的其他价值不自信，想用年轻的身体换取婚嫁市场上相对好的资源。在这样的背景下，很多基层女性跟拉姆一样，早早地仓促结婚生子。结婚如同赌博，幸运者是少数，更多的人不幸掉进火坑，甚至付出生命的代价。

我收到过几百个被家暴的基层女性的求助，其中一个共性就是她们都早早地结婚生子。所以，给基层女性的第二个提醒就是：先想办法走出去，去大城市打工，学一门手艺或者养活自己的技能。当你能够靠自己独立生活，这辈子命运坎坷的概率就会降低一半。

经济独立之后，就是实现精神独立。这是最难的，因为我们从小就接受"一个女人要结婚生子才圆满"之类的教育。长大后，我们不可救药地把自己往这一生存模式上硬塞。事实上，孤独是人生的常态。孤独是一种思想状态，而不是生活形式，并不是说你处于某种生活形式里，比如

有老公和孩子，你就不会孤独。忙碌嘈杂的生活也不会减轻你的孤独，驱赶孤独只有一个方式，就是丰富自己的精神世界，有事做、有期待、有梦想可追，做自己精神世界的王。正如鲁迅先生所说："躲进小楼成一统，管他冬夏与春秋。""小楼"就是你的精神世界，"冬夏与春秋"就是那些试图影响你的各种人为输出的价值观。探索精神独立的过程一定会充满怀疑，迷茫无助，但在探索的过程中，更容易看清生活，看到一个人的本质，能够分辨一个人的精神世界贫瘠还是丰富，因而遇到对的人的概率更高。这一路，即使你还不知道自己想要什么，但你一定会越来越清楚自己不想要什么。

23岁结婚和33岁结婚，对婚姻的体验是完全不一样的，33岁的人对婚姻风险的承受能力也远远大于23岁的人。假如一个人不多去体验生活、积累社会经验，在懵懂无知时，一上来就开始经营一生当中最难的项目——婚姻，是很难有好结果的。连一份工作都需要经验，想要经营好婚姻，经营好两个人的生活，更需要你在走进婚姻之前，积累一个人好好生活的经验。

拉姆结婚后不久就遭到了家暴，但却没早早离开，10年内无数次被家暴，无数次在前夫的告饶下心软，一次次选择原谅。女人一生最重要的一课就是学会及时止损，如果拉姆在遭遇第一次家暴，还没有孩子的时候，就坚定地选择离开，那么她今天也许有不同的结局；如果她能早日停止对前夫改变的幻想，拿出勇气和魄力，抛开一切去一个新环境中重新开始生活，那么她的人生也许会是另外一个样子。现在，对她来说，已经没有任何如果和可能。但是，希望正在遭受暴力对待的女性勇敢地离开，向相关部门求助，去各种平台呼吁，坚定地反抗和自救。

愿拉姆安息。

> 通向精神独立、人格独立的第一步，就是认识到你是自己身体的主人，这世上没有第二个人可以对你的身体发号施令，它不是为男性准备的生育工具，也不是附属于男性的性资源，更不是可以买卖的物品。

两性关系中的性平等

我在短视频平台上发过一个关于婚前同居必要性的视频，评论中有很多反对的声音，而且以女性居多，大意是同居对女人来说很吃亏，应该先领结婚证。这个"吃亏"的意思相信大家都能领会，主要指的就是身体上的，也就是性方面的吃亏。相信很多女性，尤其是基层女性，在性的问题上，或多或少都持有类似的观点，总觉得女人是牺牲、奉献、被男性占便宜的一方。

我们为什么会产生这样的想法呢？中国女性身上沉重的

性羞耻感是从哪里来的？在古代，若丈夫不幸去世，妻子会被告诫要守妇道，立贞节牌坊，不允许再嫁，否则就会被骂"荡妇"。这跟当下流行的PUA（爱情骗子）是同一种运作模式，在封建社会，男性通过向女性灌输对自己有利的思想，打压、贬低女性，给女性套上"性羞耻"的道德枷锁，从而获得对女性的控制权。"性羞耻感"一旦在女性的大脑里植入，身体内的"防荡妇机制"就会自动生效，它会激发女性的自我审查，从而以符合封建意识的种种标准来要求自己。比如出门前，你拿起一件吊带衫，左看右看，觉得有点儿暴露，想想最后还是放回去了。如果没有受到性羞耻感的熏陶，你只会考虑这件衣服是否适合自己，喜不喜欢，而不会想到穿出去可能会被别人指指点点。

其至有一些"自我审查"做得十分到位的女性，积极地帮助男权社会监督其他女性，她们是推广"性羞耻"理念的中坚力量。对女人指指点点，指责女人有伤风化的，永远都是女人，尤其是在农村。

在千百年来沉重的"性羞耻"枷锁下，在很长一段时间里，性对女性来说就是一种被动行为，一种配合男性的生育手段，女性只是一种资源、一个物品。即使是现在，这种观念在一些人的头脑中仍然根深蒂固。我曾看到一个视频里，男人指着自己的老婆说："这年头买什么都亏，就买了这个（指他老婆），两万块，会蒸馒头，还能生俩娃。"在这些男性的思维里，女人不是拥有独立人格的个体，只是他拥有的一件东西，是生孩子的工具和性资源。现在农村还有个别地方，除非女方怀孕，不然都不领结婚证，就怕女方生不出孩子。在这种环境熏陶下的女性，活成被男性物化后的样子而不自知，把自己当作一个物品，把性当作资源，向男性换取利益，利用生育价值向男性提要求。

在把自己当作性资源的思想指导下，婚前同居就属于资源损耗，没有换取到自己想要的利益就是吃亏。这里的利益主要是指结婚证。还有一些女性在男性追求她们时，索要钱财物品，满足之后才答应交往，这都是同样的道理，用身体、性来换取想要的利益。

而那些物化女性、努力给女性套道德枷锁的男性，恰恰是女性自我物化后，把自己当作性资源的贩卖对象。这就是为什么有人说，很多婚姻感情悲剧大多是底层男女的互相侵害。这群男性一方面买不起，一方面又鼓吹物化女性的好处，以为这样就可以约束更多的女性，让那些买得起的男性占不到便宜。但实际情况是，男性越物化女性，自我物化的女性就越多，基层男性的机会就越少，因为自我物化的女性只会卖给出价最高的人。然后始作俑者就在网络上继续谩骂，继续物化……网络上的一部分男性就这么在自我下套的路上乐此不疲，根本意识不到自己的愚蠢。

希望年轻的女性抛开那些束缚自己的精神枷锁。通向精神独立、人格独立的第一步，就是认识到你是自己身体的主人，这世上没有第二个人可以对你的身体发号施令，它不是为男性准备的生育工具，也不是附属于男性的性资源，更不是可以买卖的物品。你的身体是你自己的，是盛放你美丽灵魂的圣殿，你要好好地守护它。

如果你准备好了，保护好自己的健康安全，就尽情地享受生而为人的权利。你的人格和男性是平等的，身心准备好的性不存在失去，而是得到。如果在和一个人的性关系中，你有失去、吃亏、便宜对方的心态，就表示在这段关系中，你的人格是低人一等的。一个对的伴侣，一段健康的感情，是不会让你产生这种低人一等的糟糕感受的。

那些自我物化，把自己当弱者向男性索取，把自己当物品去换取利益的女性，等到男性厌烦了，往往会被摆在货架上挑选或被遗弃。这是一条不归路，值得所有女性警醒。

> 女人为自己生孩子的意义就在于，孩子是你自己发自内心想要的，是你期待中的生命，是你在了解成本和责任后的选择。如果你的配偶能跟你共同承担育儿责任，那么你的孩子将会是这个世界上最幸福的孩子。

要为自己生孩子

· 女性的生育成本 ·

我在30岁出头的时候曾经考虑过生孩子，也做了很多功课，就是在这个时候，我才发现一个千百年来被模糊、被隐瞒，约定俗成闭口不谈的问题——女性的生育成本。生育成本分为生理性和社会性两种，生理成本有10级疼痛、衰老、脱发、痔疮、乳腺炎、漏尿、腹直肌分离等，其中漏尿和腹直肌分离是多数母亲都有的生产后遗症，跑跳一下，甚至打个喷嚏或提个重物，尿液都会控制不住地流下来。某知名女

子音乐组合里的一位歌手，就因为生产造成了子宫和膀胱脱垂，尿失禁到裤子常常会湿掉，只能通过做手术，用两根线把膀胱吊起来。有些女性付出的生理成本很多都是不可逆的，不管再怎么做产后修复，都不可能恢复到跟生孩子之前一样。除此之外，她们还要承担其他一些风险，比如孕期糖尿病、妊娠高血压等，而产后由于孕激素的急速变化等造成的产后抑郁症，更是致命的生育成本之一。在《生门》这部纪录片里，可以直观地了解生育对女性的影响。

随着女性高等教育普及率的提高，越来越多的女性开始参与社会劳动，生产、养育导致女性社会生产力下降，在职场以及其他个人发展上的阻碍也越来越明显。近几年产生了"母职惩罚"这个词，来说明成为母亲后，女性在社会、职场上四处碰壁的困境。最常见的包括：已婚未育的女性找工作十分艰难；在职场中，怀孕会被歧视，甚至被劝退；产假结束再回归职场，很可能就没有相应位置了。由于女性承担了大部分育儿工作，所以工作中被委以重任或者升迁的概率也远远低于男性。

现在我们的社会还没有发展到为女性支付生育成本，并对女性因生育导致的社会生产力下降支付的成本进行一定程度的补贴。在大城市，有正规工作、五险一金的职场女性，会得到一定的育儿福利，但是大量来自农村、到处打工、没有五险一金的女性，她们是没有相关补贴的，她们的生育成本主要由自己和伴侣承担。如果碰到一个不负责任的伴侣，那么这个成本就会完全落在女性一个人身上。

· 雄性基因的育儿观 ·

雄性基因的育儿观可以从根本上解释为什么当下"丧偶式育儿"这么普遍。如果看过《动物世界》，你会发现，在哺乳动物中，99%的雄性不会照顾下一代，基本上就是交配的时候出现，其他时间就消失了。在远古的母系社会中，男性不参与育儿，那时候是集体育儿。进入农耕时代后，男性通过体力优势从事生产劳动，产生盈余之后，私有制出现，为

了使财产能留给自己的血脉，婚姻制度随之产生。婚姻制度的起源是保护财产、保护私有制，跟爱情没有关系。婚姻制度产生之后，男性才开始渐渐地参与育儿。当下不少国家，男性的育儿参与率是非常高的，甚至渐渐成为主流。中国的北上广等大城市，男性的育儿参与率也在逐渐提高，比如我会在上海的公园看到很多男性周末带着孩子玩。由此可以得出一个结论：男性育儿的参与度跟一个区域的富裕程度、教育水平、思维认知成正比。男性照顾下一代的欲望，不像女性一样是基因自带的，而是人类当中精神先富足起来的一部分雄性基因通过进化，战胜了动物本能之后所产生的高级情感，也就是爱和责任。

当下丧偶式育儿的家庭这么多，其本质原因就是部分男性还没有进化到精神富足的阶段，内心还没有滋生出"爱和责任"这种高级情感。很多男性就跟雄性哺乳动物一样，在幼崽出生后能逃避就逃避，要么就消失不见。

· 女人为自己生孩子的意义 ·

在了解生育所需要支付的生理成本和社会成本，以及雄性育儿的主动性不是先天而是后天的，是爱和责任下产生的自我约束力，需要男性强大的人格力量后，女性在生育之前就可以据此做出清醒的选择，并对伴侣能否共同参与育儿做出切合实际的预判。一个女性在了解生育成本后依旧选择生育，并能够承担选择带来的结果，这才是伟大的母亲，伟大在于做出的伟大选择，在于清醒下的牺牲，而不是歌颂一个女性健全的生殖功能。

女人为自己生孩子的意义就在于，孩子是你自己发自内心想要的，是你期待中的生命，是你在了解成本和责任后的选择，你是为自己而生。如果你的配偶能跟你共同承担育儿责任，那么你的孩子将会是这个世界上最幸福的孩子，你们会成为最棒的父母。如果你的配偶跟雄性动物一样逃避育儿责任，那么这也不影响你生孩子的初衷，你和孩子的亲子关系一样和睦，虽然你不能给孩子完整的家，但一样可以给孩

子完整的爱，他一样是这个世上最幸福的孩子。

假如你因为男性或者社会压力而生孩子，被动选择下的结果就是你无法为自己和孩子的未来负责，一旦配偶缺席，你和孩子的生活就会陷入被动的境地。很多母亲在生活的重压下疲惫不堪，久而久之，就会心态失衡，甚至对孩子产生怨恨。这类母亲养育孩子就跟赌博一样，根本不是因为爱，而是因为前期投入太多，下不了赌桌。所有在孩子身上的付出都是在押注，押注越高期待越大，在孩子成年后就会出现收割心态，对孩子进行索取、压榨、控制和道德绑架。这样的母亲在我们身边比比皆是。

希望每个女性都能意识到生育、做母亲对自己意味着什么，了解自己所要支付的生育成本，为自己的选择承担责任，认真考量你的配偶是不是可以跟你一起育儿的那个人，努力做到为自己生孩子。只有这样，上一代母亲的悲剧，以及她们伤痕累累的孩子的命运才会在我们这一代终结。

> 爱情可以虚无缥缈，但婚姻是无比现实的，你要知道自己会面对什么、牺牲什么，把这些牺牲给那些值得的人，选择真正爱你、尊重你，和他在一起快乐幸福的人组建家庭，共同成长。

传统嫁娶模式消耗女性能量

据统计，北京的大龄单身女青年已经突破80万人，而且还有持续上涨的趋势。近两年，女人越来越不愿意结婚生子了。下面我们就来聊聊为什么女人越来越不愿意走进婚姻，什么是中国传统嫁娶模式，以及社会需要做出怎样的调整，或者说男性需要怎样平衡让利，才能吸引更多的女性走进家庭。

越来越多的女性不愿意结婚，其实原因只有一个，那就是结婚这件事对女性越来越没有好处了。人类有趋利避害的本能，当一件事对自己有害时，会本能地避开。那些想结婚

的人，也是本能告诉他婚姻对他有利。一些男性在网上骂彩礼，骂女人物质主义，对选择不结婚的大龄女青年各种嘲讽，其实，他们完全可以选择不结婚，不结婚的话，不会有一分钱损失。事实上，他们并不是不想结婚，只是想降低结婚的成本，结婚对男性来说，是有巨大的性别红利的。

首先，我们来梳理一下中国传统的嫁娶模式，如此你就能明白男性的性别红利在哪里，理解为什么越是基层的男性越渴望结婚。

在中上层婚姻市场，男女双方从大家庭中独立出来，组成小家庭，很少有结婚后还跟父母住在一起的。夫妻新生活的起点一致，双方进入婚姻后，生活状态和心理状态的调整、适应都是同步的。但是在传统嫁娶模式中，通常是女方住到男方家里，大多数还要跟男方的父母住在一起。融入、适应一个新环境，对任何一个成年人来说，都是有心理劣势的。男方在熟悉的环境里，在自己的父母身边，不需要做任何调整，所有的适应、调整、融入都是女方的事。女方从嫁进门的那一刻开始，就处于弱势状态，需要面临复杂的婆媳关系，精神上的压力和困扰，这些都是女性在传统嫁娶模式的婚姻中支付的成本。

很多基层男性吃了千百年的性别红利，根本意识不到女性上门是女方为婚姻支付的成本和牺牲，但如果让他们去女方家，他们又不愿意。我在短视频平台上看到，在所有关于结婚后男方当上门女婿的视频下面，都有其他男性回复的诸如"吃软饭""终身不娶都不会上门""男人上门受欺负"的留言。一个体力占优的男性都怕被欺负，那作为没有体力优势的女性岂不是更应该怕、更不应该上门吗？

其次，女方作为一个成熟的劳动力，前期男方家庭没有投入一丝一毫，她离开父母来到男方家，参与男方家的家庭建设，要么工作赚钱，要么负担大部分家庭劳动。只要女方洗衣做饭、打扫卫生，那么她的工作就是有价值的。假如你的妻子去别人家里洗衣做饭，至少会获得一小时50元的报酬，在你的家里却是免费和义务。这也是为什么越穷、越一

无所有的男性越渴望婚姻，因为婚姻是拥有一个免费成年劳动力来提高自己生活质量的成本最低的方式。

最后，在婚姻中，女人是需要承担生育责任的，这是男女在婚姻中最根本的不同，生育对女性来说是巨大的牺牲。

避免生育成为一种牺牲和负担，只有一个先决条件，就是按照自己的意愿为自己生孩子，完全遵循个人自由意志。在当下的社会环境中，除了极少数经济、人格独立的女性能把生育权掌握在自己手中，绝大部分女性的生活中根本没有不生育的选项。尤其是在中国传统嫁娶模式下的婚姻里，没有生育价值的女性通常逃不过被抛弃的命运。很多男性结婚，就是为了利用女人的生育价值，传宗接代。

如果一个女人没有生育选择权，就表示只要她走进婚姻，无论愿不愿意，都要生孩子。观察一下我们的周围，有多少一边带孩子一边上班的女性，又有多少独自抚养孩子的单亲母亲。生育给女性的人生带来的不确定性和风险是巨大的，越是底层弱势女性，风险就越大。有了孩子后，人生重启的可能性也很低。很多女人的人生悲剧、生活失控，就是从生孩子开始的。所以，女性要慎重地对待生育，要在确定伴侣能提供实打实的、可持续性的保障，并且有信心在毫无外界支持的情况下，自己也能从容地养育一个孩子的时候，再决定是否生育。否则，只要有生活的意外、婚姻的变动，你和孩子就会跌入生活的泥潭。

千百年流传下来的彩礼本身就是为了平衡男女婚嫁当中的利益不对等。男性在婚姻内支付的车子、房子、彩礼等成本是保值的，而女性在婚姻内付出的隐形成本则是消耗品，无法复原。很多男性根本不认可这些成本，更谈不上尊重。有选择、有能力的女性早就看清了婚姻对自己的不利影响，如果无法遇到相爱的、能和自己共同成长的人，根本不愿将就，不会结婚。

我并不是让大家不要结婚，而是希望女性认清婚姻是怎么回事，看清婚姻的风险。爱情可以虚无缥缈，但婚姻是无比现实的，你要知道自己会面对什么、牺牲什么，把这些牺

牲给那些值得的人，选择真正理解你、尊重你，能共同成长的人组建家庭。

两个人在哪里生活更有利于感情发展、婚姻稳定，能更好地养育下一代，就去哪里生活，而不是一刀切，一定要女方上门。女方上男方家，男方上女方家，都应该是开放选项，社会应该平等包容地看待。如果对方上你家，你要知道对方为你牺牲了什么，抱着感恩的心态，用爱来回报对方的隐形成本，承担起家庭的责任。

以妈妈、奶奶等没有选择的老一辈女性来要求现代女性单方面牺牲，是自私且不合理的，夫妻双方只有在婚姻里都得到自己想要的东西，合作共赢、互惠互利，夫妻关系才能长久。优秀的男性已经开始觉悟，把千百年来男人与女人之间的统治关系转成合作关系，具有强烈的家庭责任感，积极参与家务和育儿，尊重女性在婚姻内付出的隐形成本。

每个年轻人，尤其是女孩子，一定要认认真真地为自己的人生打地基，努力奋斗，放弃通过婚姻来改善或者逃离无望生活的想法，要去开拓人生疆土，提高对抗生活风险的能力。前期花时间建设想要的生活，后期才不会花大量时间去应付不想要的，否则的话，每一天都是煎熬。

在人的一生当中，最重要的任务就是爱自己，把自己变成值得爱的人。遇到真爱并走进婚姻，是人生的奖赏，没遇到，也拥有自己这个爱人。婚姻从来都不是人生目标，爱和被爱才是。

> 主动吃生活的苦，不断尝试、折腾，不再把幸福寄托在别人身上，不再做梦有人来拯救你。当你哪天不用依附任何人就可以生活得很好时，你才会获得真正的安全和自由。

生活不在乎你的性别

我曾经收到过一个女性的求助，用她的话说，就是在为年少无知买单。年轻的时候稀里糊涂结了婚，后来离婚了，自己一个人没能力养活孩子，就把孩子留在父母家里。现在父母和弟弟又在"逼"她嫁人，给她介绍了一个对象，这个对象想尽快结婚。她现在一个人在杭州打工，也赚不到什么钱，很迷茫……我虽然劝她不要那么快再婚，沉淀一段时间，但是她应该会很快再婚的。因为一个女人的人生一旦没有方向，无头苍蝇般迷茫，眼前的生活似乎进入死胡同时，就会跟溺水的人一样，本能地想要抓住一个男人作为救命稻草，躲进婚姻里求得一丝安稳。还有的人想通过一些生活中的重要改变，来逃避自己所遇到的问题，或者缓解困境。虽然这些问题永远都在，甚至进入婚姻后，除原有的问题外，伴侣还会制造更大的问题和困境。但是，对于溺水的人来说，哪怕能暂时逃避，浮上水面吸一口气也是好的。

我们可以预测一下她的未来。一个拥有溺水者心态，处于迷茫状态的人，做出的判断往往是不明智的，通常都是因当下环境被迫选择，不是自己真正想要的。在这种状态下走入婚姻，就如同赌博，赌赢的概率很低。如果赌赢了，再婚生活很幸福，那最好不过。但是，想象一下，如果用几年的时间验证下来，发现再婚的丈夫依然不可靠，只能再次带着孩子离婚，而且二婚期间又生了一个孩子（基层男性不要孩子的几乎没有）。她现在30岁，到时候40岁了，又带着两个孩子，该怎么办呢？再回到娘家，然后再出来打工，再继续嫁人生子吗？

　　这些命运如浮萍的女性，她们的不幸归根结底都指向一个终极问题，就是经济、精神不独立，需要男性提供经济援助和精神依靠。一旦幸福依附于他人，你就毫无安全感和尊严可言。不幸的命运不是哪一天、哪一月造成的，而是5年前甚至10年前就开始了。你现在承受的是多年来生活的后果，要想重新开始一段生活，也需要很长一段时间去建设，重新给自己的生活打地基。如果你觉得自己打地基又慢又累，想找个现成的房子住进去，那就要做好心理准备，因为很有可能重复曾经的悲剧，唯一的区别就是当你40岁再出来重新开始打地基时，可能已经打不动了。

　　所以，女性归根结底还是要踏踏实实地靠自己的双手，一块砖一块瓦地建立属于自己的房子。这个过程很艰难，也许你会迷茫无助，时常感到孤苦无依，甚至"叫天天不应，叫地地不灵"，但这就是生活，你要么主动吃苦，要么被动吃苦。主动吃苦，你会一边哭一边向前走，看到前面若隐若现的光亮；被动吃苦，等待你的，只有无尽的黑暗和绝望。

一定要给自己一些成长的时间，生活是一个过程。不要去想未来迷茫的事，先做好手边清楚的事，别人怎么看你真的毫无意义，你的生活只跟自己有关。放下面子，通过双手的辛勤劳动改善生活，哪怕送快递或者摆地摊，你努力创造生活的样子非常美。认真地给自己制订一些学习计划和健身计划，并且坚定执行，让身心都健康起来。主动吃生活的苦，不断尝试、折腾，不再把幸福寄托在别人身上，不再做梦有人来拯救你。当你哪天不用依附任何人就可以生活得很好时，你才会获得真正的安全和自由。

时至今日，每个女人都要清醒，并且教育你的女儿，要想在这个世界上好好地活着，只能靠自己，跟男人一样去战斗，靠自己的双手创造自己的生活，因为生活根本不在乎你是不是女人，也绝对不会因为你是女人而善待你。

> 如果你向往爱情，最好的途径就是先去爱自己，构建自己的物质基础和精神世界，并愿意把精神世界的盈余奉献给他人。即使遇不到爱情，你也是一个精神世界富足的人，爱情只是你生活中美好的点缀。

爱是精神的"奢侈品"

很多男性在短视频平台上留言："和穷人谈钱，和有钱人谈爱。"通常结尾还要加个"哼"，以示不屑。其实某种意义上来说，这句话有一定的道理。

如果你能消费得起奢侈品，就代表你的物质生产是有盈余的，满足了基本的生活需要后，还有充足的钱来满足较高的物质享受。有人说"爱是精神的奢侈品"，也就意味着你的精神世界的产出已经满足了自身的需要，并且有充足的盈余，于是你把盈余拿出来无私奉献给别人。所以说，这就是爱。如果你的精神不富足，你是生产不了爱的，或者自己都不够用，又拿什么爱别人呢？

精神贫困的人大概率是没有爱的。导致精神贫困最主要的因素是什么？物质贫困。

一个人只有在满足了低层次的生理需求之后，才更容易向上探索，对更高层次产生需求，包括安全需求、归属需求、尊重需求，最后到达自我实现的需求，这就是"马斯洛需求层次理论"。

为什么说"更容易"向上探索而不是绝对，因为有钱却精神贫困的人也很多，一些有钱人只停留在满足生理需求的层次，没有向上探索的能力。只是相对来说，在穷人和有钱人之间，有钱人向上探索的概率更大一些。因为衣食无忧，吃喝玩乐时间长了，是会腻的，总要琢磨点东西来满足精神世界的空虚。物质丰富的人有相对好的物质条件和环境去探索，而穷人在为下个月房租发愁的时候，除了钱，很难想到其他东西，也根本没有时间和精力去构建精神世界，并有充

足的盈余为别人付出。

很多女性经常感慨婚姻不幸，后悔当初选择了爱情，没有选择金钱。一是选择金钱是需要能力的，二是她们选择的所谓"爱情"也大多不是爱，更多的是喜欢，以及男女之间的性吸引。在喜欢和性吸引的基础上，如果两个人能共同成长、互惠互利，喜欢才能在今后的岁月里升华为爱情。那些无法共同成长的人，时间久了，喜欢就会消磨殆尽，最终厌倦彼此。毕竟荷尔蒙的躁动是有周期的。所以，那些感叹嫁给了爱情最终却失望的人，要认清一个残酷的事实，那就是你当初嫁的并非爱情。

年轻的女孩子们，请少看点关于"霸道总裁"的网文，停止幻想，因为你们是最容易被爱情的幌子蒙蔽的人。当你处于物质贫困的状态时，遇到爱情的概率是很低的，极有可能会遇到一个跟你同样物质、精神贫困的人。那些真正精神富裕、有能力爱别人的人，也在寻找精神世界富足、能产出和给予爱的人。

　　无论男女，如果你向往爱情，最好的途径就是先去爱自己，构建自己的物质基础和精神世界，并愿意把精神世界的盈余奉献给他人。只有成为这样的人，你才有可能收获真正的爱情。即使遇不到爱情，你也是一个精神世界富足、有能力爱自己的人。爱情固然好，但那只是餐后甜点，是生活额外的奖赏，并不是一日三餐的主食，不是生活的必需品。

> 我们始终要为自己的生活负责，生活对我们可能不够仁慈，但是我们可以决定它是一点一滴地变好，还是更加糟糕。是选择继续沉沦、抱怨与愤懑，还是积极地寻求突破与改变，都是我们自己说了算。

男女对立下的情绪暴力

20多岁的时候，我在一个茶坊工作，月薪1400元，跟几个女孩子合租房子，上班是三班倒，每天从田林路骑车到陕西南路上班，单程大概11公里。有时候夜班比较忙，一夜都没机会眯一会儿，早上骑车回家时，真想躺在路边睡一会儿再走。那时候我最大的快乐就是下班后跟同事斗地主。我也经常去网吧，最喜欢做的事是在天涯论坛上骂人，主要骂几个明星，最高的纪录是注册17个账号，和他们的粉丝对掐。我没办法解释那个时候的行为，好像跟动物一样，只是靠本能驱使，享受短暂的快乐和满足感，从中感受到一些力量。尤其是对方粉丝骂不过我的时候，如果还有几个人响应我，跟我一起组团对骂的话，我就会产生被认同的愉悦感。这是我在实际生活中找不到的，现实生活中，没有几个人看得起一个茶坊里的服务员。这样的生活我过了大概有两年。

相信很多人现在正做着我曾经做过的事，而且也没有能力解释自己当下的行为。在38岁的今天，在我有能力搞清楚为什么曾经成为那样的人的现在，我想跟大家分享一下我当时的状态，以及那样做的原因。

因为穷，因为生活无望，因为看不到未来。当时的我就跟一头困在笼子里的野兽一样，总在原地打转，周围没有一丝光亮，也找不到出口。我没有朋友，没有爱人，母亲打电话给我就是为了要钱，我感到非常孤单，生活就像烧了十几遍的开水一样无比乏味。在我二十几岁的时候，根本不知道如何疏导消化这些情绪。对我来说，网络是唯一可以宣泄情绪的地方。于是，我给自己无望的生活树立了一个假想敌，

对其加以攻击，从中获得满足和愉悦，从令人失望的现实生活中短暂逃离出来。所以，网络上的某个明星就成了我发泄愤懑的对象。然而，我的生活是这个明星造成的吗？

在很多有关被家暴、被伤害，甚至被残忍杀害的女性的新闻和视频下面，都有各种留言叫嚣着"活该"，类似"受害者有罪"的言论。在此，我想问问那些散布"受害者有罪论"的人，尤其是男性，你们现在的生活真的是由女人造成的吗？

我花了很多年才渐渐从阴沟里爬出来，即使走过不少弯路，我始终没有放弃自己，没有放弃对美好生活的向往。虽然我谩骂伤害过网络上的某个人、某个明星，但我从来没有扭曲堕落到为一条生命的逝去而叫好，任何原因都不是夺取别人生命的理由。

希望大家能够跟我一样幸运，清醒地明白我们始终要为自己的生活负责，生活对我们可能不够仁慈，但是我们可以决定它是一点一滴地变好，还是更加糟糕。是选择继续沉沦、抱怨与愤懑，还是积极地寻求突破与改变，都是我们自己说了算。我们可以决定自己命运的走向，前提是即使在阴沟里，我们也要面向天空，而不是面朝淤泥。

也希望大家都能团结起来反对暴力，创造一个更美的环境。如果大家都选择做沉默的大多数，暴力就会蔓延，每个离不开这块土地的人都将会是受害者。

如果你想拥有良好的夫妻关系和亲子关系，就要认识到夫妻关系才是第一关系，妻子或丈夫才是这一生陪伴你最长最久的人。如果没有这个意识，最好不要轻易走入婚姻。

放下婆媳之间的道德绑架

我曾收到一个男性的求助，他给我看了他母亲发给他的信息，内容是关于儿媳的，字里行间都表达了对儿媳的不满，说她脏乱差，说她跟儿子一起回来令人糟心，也希望儿媳不要觉得为他们家延续了香火，就以功臣自居……然后一口一个"我的儿""我的小宝"……我能感觉到这个男人夹在中间左右为难，非常困扰。

相信很多家庭或多或少都有类似的婆媳矛盾，而夹在其中的男人，或多或少都经历过类似这个男人的痛苦，尤其是在基层社会，血缘捆绑更为紧密，婆媳矛盾更甚。很多年轻人还不知道怎样独立生活，就走进了父母给自己设定的生活模式，结婚生子，然后围绕着孩子展开生活。好的生育观，是两个人格独立的人相爱，决定结婚，共同商定是否生育。而孩子的成长是根据父母的生活调整的，夫妻关系永远是第一位，亲子关系排第二位。

亲子关系是夫妻关系的衍生品，但在大多数传统的中国家庭中，两种关系本末倒置，孩子在家庭中的地位可想而知。孩子是夫妻两人生活的中心、精神的纽带，很多夫妻之间的主要沟通内容就是孩子。可以说，孩子是他们人生里最大的一笔投资。如果夫妻关系不理想的话，女性通常会自然而然地把对夫妻关系的情感寄托转移到亲子关系上，这就是婆媳矛盾的根源。

孩子成年后，母亲无法从情感上割舍孩子，不愿面对一个对她来说很残酷的事实，那就是孩子已经长大了，不再需要她。实际上，往往是母亲离不开孩子，不愿意放手，无法

体面地从孩子的生活里退出来。一个人如果年轻的时候没有自己的生活，等她老了，精神世界会更匮乏，更加渴望情感寄托，因渴望而滋生的占有欲会促使她本能地想要跟另一个女人争夺儿子的爱。

就像上面案例中那个男人的母亲一样，用亲情、母爱来增加儿子的负罪感，用道德绑架自己的孩子，试图把儿子拉到媳妇的对立面，这种心态是极不健康的。我给这个男人的建议是："如果你的妻子有一些不好的生活习惯影响你们的生活，你要做的，是直截了当地找她说出你内心的真实想法。你母亲对你们的生活没有任何发言权，更没有权利介入。如果她是个体面的人，应该选择另一种让人更加尊重的方式去解决问题，比如直接找你妻子沟通，或者抱着更加客观的解决问题的态度，而不是背地里制造更深的矛盾。"

一个男人成年后如果没有足够的智慧和能力，很难和原生家庭重新建立起干净清爽、遵循成年人交往基本准则的亲子关系，那么他的夫妻关系肯定会受损，甚至破裂，而孩子也会受到负面影响。婆媳关系的矛盾本身就是男人和原生家庭之间黏糊糊的亲子关系延展出来的矛盾，妻子只是附带受害者。俗话说，婆媳矛盾的背后都有个无能的儿子。很多"妈宝男"家庭的婆媳矛盾尤为突出，亲子关系缺乏界限，父母对儿子控制、占有，这种关系下，夫妻关系如何良性发展呢？

所以，如果你想拥有良好的夫妻关系和亲子关系，就要认识到夫妻关系才是第一关系，妻子或丈夫才是这一生陪伴你最长最久的人。如果没有这个意识，最好不要轻易走入婚姻。结婚后，要明确与父母之间的界限，传达一个明确清晰的信息：这是我的家庭，我们家庭内的事务由我和我的妻子共同面对、共同解决，希望你们尊重。传达的过程中，你可能会痛苦或心软，但是你要明白，现在的痛苦是为了以后的愉快相处，父母和孩子一样，会看脸色行事，会根据你的态度来试探你的底线，你到底是想要一次痛还是次次烦恼，就要看你自己的选择了。

　　另外，父母或者公婆是没有义务给你们带孩子的。如果你对父母或公婆有索取、有所求，他们反过来干涉你们的生活，介入你们的矛盾，扰乱你们的小家庭，那只是你们为不能够独立而付出的代价。

　　祝大家都有良好的夫妻关系，健康的亲子关系，家庭和睦，幸福绵长。